ドリル王国へようこそ!!

JN041288

ドリル王子
王様になるために
毎日がんばって
いるよ!

王子をいつも
おうえんして
いますぞ!

ドリルじぃ

① 勉強するときは、
このドリルを
つかっているよ!

② そっ、それは!

③ しっかり練習できて…

切り取れる!
キリトリ

④ がんばりひょうが
ついている…

⑤ そう…それは
ドリルの王様!

ジャ──ン!

**2年の かけ算(九九)
ドリルの王様**

⑥ ほかにも
こんなものが
ありますぞ!

うんうん

⑦ **ふろくボード**

計算れんしゅうボード

$8 \times 3 = 24$

$8 \times 5 = 40$

ふくとキレイに!

プリふれ

プリンターをつかって
楽しく学べるよ!

いっしょに
がんばろう!!

※「プリふれ」はブラザー販売株式会社のコンテンツです。

ドリル王子の日常

ドリル王子の雪遊び

ドリル王子の耳

1 じゅんび ①

1 □に あてはまる 数を かきましょう。　6点(1つ1)

① 5 — 10 — 15 — 20 — □ — □ — 35

② 2 — 4 — 6 — 8 — □ — □ — 14

2 計算を しましょう。　16点(1つ2)

① 5+5+5 = 15　　② 2+2+2

③ 3+3+3　　④ 4+4+4

⑤ 6+6+6　　⑥ 7+7+7

⑦ 8+8+8　　⑧ 9+9+9

3 計算を しましょう。　36点(1つ3)

① 5+5+5+5　　② 2+2+2+2

③ 5+5+5+5+5　　④ 2+2+2+2+2

⑤ 3+3+3+3　　⑥ 4+4+4+4

⑦ 3+3+3+3+3　　⑧ 4+4+4+4+4

⑨ 6+6+6+6　　⑩ 7+7+7+7

⑪ 6+6+6+6+6　　⑫ 7+7+7+7+7

❹ 計算を しましょう。　　　　　　　　　21点(1つ3)

① 5+5

② 5+5+5

③ 5+5+5+5

④ 5+5+5+5+5

⑤ 5+5+5+5+5+5

⑥ 5+5+5+5+5+5+5

⑦ 5+5+5+5+5+5+5+5

❺ 計算を しましょう。　　　　　　　　　21点(1つ3)

① 2+2

② 2+2+2

③ 2+2+2+2

④ 2+2+2+2+2

⑤ 2+2+2+2+2+2

⑥ 2+2+2+2+2+2+2

⑦ 2+2+2+2+2+2+2+2

5とび、2とびの 数を もとめる ことや 同じ 数の たし算は かけ算の もとに なるんだよ。

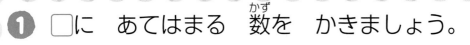

① □に あてはまる 数を かきましょう。　　6点（1つ1）

① 50 — 45 — 40 — 35 — □ — □ — 20

② 20 — 18 — 16 — 14 — □ — □ — 8

② 計算を しましょう。　　40点（1つ2）

① 5+5+5 　　　② 5+5+5+5

③ 2+2+2 　　　④ 2+2+2+2

⑤ 3+3 　　　　⑥ 3+3+3+3

⑦ 3+3+3+3+3 　　⑧ 4+4+4

⑨ 4+4+4+4 　　⑩ 4+4+4+4+4

⑪ 6+6+6 　　　⑫ 6+6+6+6

⑬ 6+6+6+6+6 　　⑭ 7+7

⑮ 7+7+7+7 　　⑯ 7+7+7+7+7

⑰ 8+8+8 　　　⑱ 9+9

⑲ 8+8+8+8 　　⑳ 9+9+9+9

❸ 計算を しましょう。 18点(1つ3)

① $5+5+5+5+5$　　② $2+2+2+2+2$

③ $3+3+3+3+3$　　④ $4+4+4+4+4$

⑤ $6+6+6+6+6$　　⑥ $7+7+7+7+7$

❹ 計算を しましょう。 36点(1つ3)

① $5+5+5+5$

② $5+5+5+5+5$

③ $5+5+5+5+5+5$

④ $5+5+5+5+5+5+5$

⑤ $5+5+5+5+5+5+5+5$

⑥ $5+5+5+5+5+5+5+5+5$

⑦ $2+2+2+2$

⑧ $2+2+2+2+2$

⑨ $2+2+2+2+2+2$

⑩ $2+2+2+2+2+2+2$

⑪ $2+2+2+2+2+2+2+2$

⑫ $2+2+2+2+2+2+2+2+2$

かけ算の きほんに なる 同じ 数の たし算だよ。

❶ □に あてはまる 数を かいて、りんごの 数を もとめましょう。

20点(1つ2)

① りんごは 1さらに 3 こずつ のって いて

4 さら分 あります。

② これを かけ算の しきで 3 × 4 と かきます。

←かけられる数　　　↑かけられる数　　←かける数　かける

③ 答えは、たし算で もとめられます。

3 + 3 + 3 + 3 = □

3の 4つ分

答え □ こ

●の ■つ分の ことを 「●×■」と かくんだよ。

❷ かけ算の しきに かきましょう。

20点(1つ5)

①

4この 5はこ分

(4×5)

② 7+7+7+7+7+7+7+7

( )

③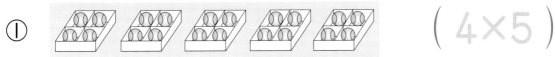

( )

④ 2本の 9つ分

( )

③ かけ算の 答えを たし算で もとめましょう。

60点（1つ6）

① 2×7 → (2+2+2+2+2+2+2=14)
     2の 7つ分

② 3×6 → (　　　　　　　　　　　　　　　)

③ 5×7 → (　　　　　　　　　　　　　　　)

④ 6×4 → (　　　　　　　　　　　　　　　)

⑤ 9×3 → (　　　　　　　　　　　　　　　)

⑥ 8×4 → (　　　　　　　　　　　　　　　)

⑦ 4×2 → (　　　　　　　　　　　　　　　)

⑧ 7×4 → (　　　　　　　　　　　　　　　)

⑨ 9×2 → (　　　　　　　　　　　　　　　)

⑩ 8×3 → (　　　　　　　　　　　　　　　)

それぞれの 数の かたまりが
いくつ分 あるかを 考えよう。

あたらしい 計算で ある かけ算は、ある数の いくつ分の 数を
もとめる ときに つかうんだよ。

月 日	時 分〜 時 分
名前	
	点

❶ □に あてはまる ことばを かきましょう。 12点(1つ4)

① 5の 2つ分の ことを 5の 2ばい、5の

3つ分の ことを 5の ☐ と いいます。

② 5の 1つ分の ことを 5の ☐ と

いいます。

❷ 何ばいに なるでしょう。 8点(1つ4)

① 白い テープは 青い テープの (6)ばい

4cm

② |5cm|5cm|5cm|5cm| 5cmの ( )ばい

❸ かけ算の しきに かきましょう。 16点(1つ4)

① 3人の 5ばい 〔5ばいは ○×5だね。〕 (3×5)

② 6本の 3ばい ( )

③ 8この 1ばい (8×1)

④ |2cm|2cm|2cm|2cm|2cm|2cm| ( )

7

❹ かけ算の しきに かいて、答えを もとめましょう。

64点(1つ4)

① 🍓 の 2ばい

しき （　　　　　）

答え （　　　　　）

② 🎈 の 5ばい

しき （　　　　　）

答え （　　　　　）

③ 4の 3ばい

しき （　　　　　）

答え （　　　　　）

④ 7の 1ばい

しき （　　　　　）

答え （　　　　　）

⑤ 6の 4ばい

しき （　　　　　）

答え （　　　　　）

⑥ 3の 2ばい

しき （　　　　　）

答え （　　　　　）

⑦ 5の 3ばい

しき （　　　　　）

答え （　　　　　）

⑧ 9の 2ばい

しき （　　　　　）

答え （　　　　　）

何ばいを もとめる ときにも、かけ算の しきに あらわすんだよ。

月　日　　時　分〜　時　分

名前

点

❶ 5のだんの　九九を　おぼえましょう。　　18点(1つ2)

5×1＝5　→五一が　①　5

5×2＝10　→五二　②　10

5×3＝15　→五三　③

5×4＝20　→五四　④

5×5＝25　→五五　⑤

5×6＝30　→五六　⑥

5×7＝35　→五七　⑦

5×8＝40　→五八　⑧

5×9＝45　→五九　⑨

このような　いいかたを　九九と　いうんだよ。

❷ かけ算を　しましょう。　　18点(1つ1)

① 5×1＝5

② 5×2

③ 5×3

④ 5×4

⑤ 5×5

⑥ 5×6

⑦ 5×7

⑧ 5×8

⑨ 5×9

⑩ 5×9

⑪ 5×8

⑫ 5×7

⑬ 5×6

⑭ 5×5

⑮ 5×4

⑯ 5×3

⑰ 5×2

⑱ 5×1

答えは　5ずつ　ふえたり　へったりして　いるよ。

❸ かけ算を しましょう。 60点(1つ2)

① 5×1　　② 5×2　　③ 5×3

④ 5×4　　⑤ 5×5　　⑥ 5×6

⑦ 5×7　　⑧ 5×8　　⑨ 5×9

⑩ 5×2　　⑪ 5×4　　⑫ 5×5

⑬ 5×9　　⑭ 5×1　　⑮ 5×7

⑯ 5×6　　⑰ 5×8　　⑱ 5×3

⑲ 5×7　　⑳ 5×4　　㉑ 5×8

㉒ 5×9　　㉓ 5×2　　㉔ 5×6

㉕ 5×8　　㉖ 5×7　　㉗ 5×1

㉘ 5×3　　㉙ 5×5　　㉚ 5×9

❹ □に あてはまる 数を かきましょう。　　4点(1つ2)

① 5のだんの 九九の 答えは □ ずつ

ふえて いきます。

② 5×6=30 だから、5×7の 答えは、

30+ 5 で もとめられます。

🐭 九九の いいかたは、ちょうしよく いえるように くふうされて
いるよ。何ども れんしゅうして おぼえて しまおう。

月 日 時 分～ 時 分

名前

点

① □に あてはまる 数を かきましょう。　14点(1つ1)

① 五一が 5　　② 五二 □　　③ 五三 □

④ 五四 □　　⑤ 五五 □　　⑥ 五六 □

⑦ 五七 □　　⑧ 五八 □　　⑨ 五九 □

⑩ 五二 □　　⑪ 五四 □　　⑫ 五八 □

⑬ 五五 □　　⑭ 五七 □

② かけ算を しましょう。　18点(1つ1)

① 5×1　　　　⑩ 5×9

② 5×2　　　　⑪ 5×8

③ 5×3　　　　⑫ 5×7

④ 5×4　　　　⑬ 5×6

⑤ 5×5　　　　⑭ 5×5

⑥ 5×6　　　　⑮ 5×4

⑦ 5×7　　　　⑯ 5×3

⑧ 5×8　　　　⑰ 5×2

⑨ 5×9　　　　⑱ 5×1

どちらからも
いえるように
しよう。

❸ かけ<ruby>算<rt>ざん</rt></ruby>を　しましょう。　　　　　　　　　32<ruby>点<rt>てん</rt></ruby>(1つ2)

① 5×9　　　② 5×8　　　③ 5×7

④ 5×6　　　⑤ 5×5　　　⑥ 5×4

⑦ 5×3　　　⑧ 5×2　　　⑨ 5×1

⑩ 5×8　　　⑪ 5×6　　　⑫ 5×9

⑬ 5×4　　　⑭ 5×3　　　⑮ 5×5

⑯ 5×7

❹ かけ算を　しましょう。　　　　　　　　　36点(1つ2)

① 5×8　　　② 5×1　　　③ 5×4

④ 5×3　　　⑤ 5×7　　　⑥ 5×2

⑦ 5×9　　　⑧ 5×5　　　⑨ 5×6

⑩ 5×2　　　⑪ 5×8　　　⑫ 5×1

⑬ 5×7　　　⑭ 5×3　　　⑮ 5×5

⑯ 5×6　　　⑰ 5×4　　　⑱ 5×9

5のだんの　<ruby>九九<rt>くく</rt></ruby>の　<ruby>答<rt>こた</rt></ruby>えは　5ずつ　ふえて　いるよ。だから　答えの
一のくらいは、5、0、5、0、……と　なるよ。よく　おぼえて　おこう。

月 日 時 ふん〜 時 分

名前

てん
点

1 2のだんの 九九を おぼえましょう。　　　18点(1つ2)

$2×1=2$ →ニーが ① 2

$2×2=4$ →ニニが ② 4

$2×3=6$ →二三が ③

$2×4=8$ →二四が ④

$2×5=10$ →二五 ⑤

$2×6=12$ →二六 ⑥

$2×7=14$ →二七 ⑦

$2×8=16$ →二八 ⑧

$2×9=18$ →二九 ⑨

2 かけ算を しましょう。　　　18点(1つ1)

① $2×1$

② $2×2$

③ $2×3$

④ $2×4$

⑤ $2×5$

⑥ $2×6$

⑦ $2×7$

⑧ $2×8$

⑨ $2×9$

⑩ $2×9$

⑪ $2×8$

⑫ $2×7$

⑬ $2×6$

⑭ $2×5$

⑮ $2×4$

⑯ $2×3$

⑰ $2×2$

⑱ $2×1$

答えは
2ずつ
ふえたり
へったりして
いるよ。

❸ かけ算を しましょう。

① $2×1$ ② $2×2$ ③ $2×3$

④ $2×4$ ⑤ $2×5$ ⑥ $2×6$

⑦ $2×7$ ⑧ $2×8$ ⑨ $2×9$

⑩ $2×2$ ⑪ $2×1$ ⑫ $2×7$

⑬ $2×5$ ⑭ $2×3$ ⑮ $2×8$

⑯ $2×3$ ⑰ $2×4$ ⑱ $2×1$

⑲ $2×9$ ⑳ $2×6$ ㉑ $2×5$

㉒ $2×6$ ㉓ $2×7$ ㉔ $2×2$

㉕ $2×8$ ㉖ $2×9$ ㉗ $2×4$

㉘ $2×7$ ㉙ $2×8$ ㉚ $2×9$

❹ □に あてはまる 数を かきましょう。

① 2のだんの 九九の 答えは □ ずつ

ふえて いきます。

② $2×6=12$ だから、$2×7$の 答えは、

$12+$□ で もとめられます。

👑 2のだんの 九九は、2とびの 数の 数えかたが できれば、すぐに おぼえられるよ。

14

月　日	時　分〜　時　分
名前	点

❶ □に あてはまる 数を かきましょう。　14点(1つ1)

① 二一が **2**　　② 二二が □　　③ 二三が □

④ 二四が □　　⑤ 二五 □　　⑥ 二六 □

⑦ 二七 □　　⑧ 二八 □　　⑨ 二九 □

⑩ 二五 □　　⑪ 二四が □　　⑫ 二七 □

⑬ 二八 □　　⑭ 二九 □

❷ かけ算を しましょう。　18点(1つ1)

① 2×1　　　⑩ 2×9
② 2×2　　　⑪ 2×8
③ 2×3　　　⑫ 2×7
④ 2×4　　　⑬ 2×6
⑤ 2×5　　　⑭ 2×5
⑥ 2×6　　　⑮ 2×4
⑦ 2×7　　　⑯ 2×3
⑧ 2×8　　　⑰ 2×2
⑨ 2×9　　　⑱ 2×1

どちらからも
いえるかな。

3 かけ算を しましょう。

① 2×9　　② 2×8　　③ 2×7

④ 2×6　　⑤ 2×5　　⑥ 2×4

⑦ 2×3　　⑧ 2×2　　⑨ 2×1

⑩ 2×8　　⑪ 2×6　　⑫ 2×9

⑬ 2×4　　⑭ 2×3　　⑮ 2×5

⑯ 2×7

4 かけ算を しましょう。 36点(1つ2)

① 2×8　　② 2×1　　③ 2×4

④ 2×3　　⑤ 2×7　　⑥ 2×2

⑦ 2×9　　⑧ 2×5　　⑨ 2×6

⑩ 2×2　　⑪ 2×8　　⑫ 2×1

⑬ 2×7　　⑭ 2×3　　⑮ 2×5

⑯ 2×6　　⑰ 2×4　　⑱ 2×9

2のだんの 九九は、ちょうしよく となえて おぼえよう。
二七のように、まちがえやすい ものも あるので 気を つけよう。

月 日 時 分～ 時 分 名前 てん点

1 3のだんの 九九を おぼえましょう。　18点(1つ2)

3×1=3 →三一が ① 3　　3×6=18→三六 ⑥

3×2=6 →三二が ②　　3×7=21→三七 ⑦

3×3=9 →三三が ③　　3×8=24→三八 ⑧

3×4=12→三四 ④　　3×9=27→三九 ⑨

3×5=15→三五 ⑤

2 かけ算を しましょう。　18点(1つ1)

① 3×1　　⑩ 3×9

② 3×2　　⑪ 3×8

③ 3×3　　⑫ 3×7

④ 3×4　　⑬ 3×6

⑤ 3×5　　⑭ 3×5

⑥ 3×6　　⑮ 3×4

⑦ 3×7　　⑯ 3×3

⑧ 3×8　　⑰ 3×2

⑨ 3×9　　⑱ 3×1

答えは 3ずつ ふえたり へったりして いるよ。

❸ かけ算を しましょう。

① 3×1　　　② 3×2　　　③ 3×3

④ 3×4　　　⑤ 3×5　　　⑥ 3×6

⑦ 3×7　　　⑧ 3×8　　　⑨ 3×9

⑩ 3×2　　　⑪ 3×1　　　⑫ 3×7

⑬ 3×5　　　⑭ 3×3　　　⑮ 3×8

⑯ 3×3　　　⑰ 3×4　　　⑱ 3×1

⑲ 3×9　　　⑳ 3×6　　　㉑ 3×5

㉒ 3×6　　　㉓ 3×7　　　㉔ 3×2

㉕ 3×8　　　㉖ 3×9　　　㉗ 3×4

㉘ 3×7　　　㉙ 3×8　　　㉚ 3×9

❹ □に あてはまる 数を かきましょう。　4点(1つ2)

① 3のだんの 九九の 答えは □ ずつ

ふえて いきます。

② 3×6＝18 だから、3×7の 答えは、

18＋□で もとめられます。

18

3のだんの 九九は、5のだんや 2のだんに くらべて
おぼえにくいけれど、がんばって おぼえよう。

10 3のだんの 九九 ②

月　日　　時　分〜　時　分
名前
点

❶ □に あてはまる 数を かきましょう。　14点(1つ1)

① さんいち 三一が　3　　② さん に 三二が　□　　③ さ ざん 三三が　□

④ さん し 三四　□　　⑤ さん ご 三五　□　　⑥ さぶろく 三六　□

⑦ さんしち 三七　□　　⑧ さん ぱ 三八　□　　⑨ さん く 三九　□

⑩ 三六　□　　⑪ 三九　□　　⑫ 三四　□

⑬ 三八　□　　⑭ 三七　□

❷ かけ算を しましょう。　18点(1つ1)

① 3×1　　　　⑩ 3×9
② 3×2　　　　⑪ 3×8
③ 3×3　　　　⑫ 3×7
④ 3×4　　　　⑬ 3×6
⑤ 3×5　　　　⑭ 3×5
⑥ 3×6　　　　⑮ 3×4
⑦ 3×7　　　　⑯ 3×3
⑧ 3×8　　　　⑰ 3×2
⑨ 3×9　　　　⑱ 3×1

どちらからも
いえるように
して おこう。

❸ かけ算を しましょう。 32点(1つ2)

① 3×9　　② 3×8　　③ 3×7

④ 3×6　　⑤ 3×5　　⑥ 3×4

⑦ 3×3　　⑧ 3×2　　⑨ 3×1

⑩ 3×8　　⑪ 3×6　　⑫ 3×9

⑬ 3×4　　⑭ 3×3　　⑮ 3×5

⑯ 3×7

❹ かけ算を しましょう。 36点(1つ2)

① 3×8　　② 3×1　　③ 3×4

④ 3×3　　⑤ 3×7　　⑥ 3×2

⑦ 3×9　　⑧ 3×5　　⑨ 3×6

⑩ 3×2　　⑪ 3×8　　⑫ 3×1

⑬ 3×7　　⑭ 3×3　　⑮ 3×5

⑯ 3×6　　⑰ 3×4　　⑱ 3×9

3のだんの 九九では、三七や 三九が、まちがえやすいので 気を つけよう。

11 4のだんの 九九①

❶ 4のだんの 九九を おぼえましょう。

18点(1つ2)

$4 \times 1 = 4$ →四一が ① 4

$4 \times 2 = 8$ →四二が ②

$4 \times 3 = 12$ →四三 ③

$4 \times 4 = 16$ →四四 ④

$4 \times 5 = 20$ →四五 ⑤

$4 \times 6 = 24$ →四六 ⑥

$4 \times 7 = 28$ →四七 ⑦

$4 \times 8 = 32$ →四八 ⑧

$4 \times 9 = 36$ →四九 ⑨

❷ かけ算を しましょう。

18点(1つ1)

① 4×1

② 4×2

③ 4×3

④ 4×4

⑤ 4×5

⑥ 4×6

⑦ 4×7

⑧ 4×8

⑨ 4×9

⑩ 4×9

⑪ 4×8

⑫ 4×7

⑬ 4×6

⑭ 4×5

⑮ 4×4

⑯ 4×3

⑰ 4×2

⑱ 4×1

答えは 4ずつ ふえたり へったりして いるよ。

❸ かけ算を しましょう。

① 4×1 　 ② 4×2 　 ③ 4×3

④ 4×4 　 ⑤ 4×5 　 ⑥ 4×6

⑦ 4×7 　 ⑧ 4×8 　 ⑨ 4×9

⑩ 4×2 　 ⑪ 4×1 　 ⑫ 4×7

⑬ 4×5 　 ⑭ 4×3 　 ⑮ 4×8

⑯ 4×3 　 ⑰ 4×4 　 ⑱ 4×1

⑲ 4×9 　 ⑳ 4×6 　 ㉑ 4×5

㉒ 4×6 　 ㉓ 4×7 　 ㉔ 4×2

㉕ 4×8 　 ㉖ 4×9 　 ㉗ 4×4

㉘ 4×7 　 ㉙ 4×8 　 ㉚ 4×9

❹ □に あてはまる 数を かきましょう。 4点(1つ2)

① 4のだんの 九九の 答えは □ ずつ

ふえて いきます。

② 4×6＝24 だから、4×7の 答えは、

24＋□で もとめられます。

👨 4のだんの 九九では、4 (し) と 7 (しち) の くべつを きちんと
つけて おぼえよう。

12 4のだんの 九九 ②

❶ □に あてはまる 数を かきましょう。　14点(1つ1)

① 四一が □　② 四二が □　③ 四三 □

④ 四四 □　⑤ 四五 □　⑥ 四六 □

⑦ 四七 □　⑧ 四八 □　⑨ 四九 □

⑩ 四六 □　⑪ 四四 □　⑫ 四七 □

⑬ 四八 □　⑭ 四九 □

❷ かけ算を しましょう。　18点(1つ1)

① 4×1　　⑩ 4×9

② 4×2　　⑪ 4×8

③ 4×3　　⑫ 4×7

④ 4×4　　⑬ 4×6

⑤ 4×5　　⑭ 4×5

⑥ 4×6　　⑮ 4×4

⑦ 4×7　　⑯ 4×3

⑧ 4×8　　⑰ 4×2

⑨ 4×9　　⑱ 4×1

どちらからも
いえるかな。

③ かけ算を しましょう。

① 4×9　　② 4×8　　③ 4×7

④ 4×6　　⑤ 4×5　　⑥ 4×4

⑦ 4×3　　⑧ 4×2　　⑨ 4×1

⑩ 4×8　　⑪ 4×6　　⑫ 4×9

⑬ 4×4　　⑭ 4×3　　⑮ 4×5

⑯ 4×7

④ かけ算を しましょう。

36点(1つ2)

① 4×8　　② 4×1　　③ 4×4

④ 4×3　　⑤ 4×7　　⑥ 4×2

⑦ 4×9　　⑧ 4×5　　⑨ 4×6

⑩ 4×2　　⑪ 4×8　　⑫ 4×1

⑬ 4×7　　⑭ 4×3　　⑮ 4×5

⑯ 4×6　　⑰ 4×4　　⑱ 4×9

4のだんの 九九は、あたまの 中で、つぎつぎに 4を たしながら おぼえるのも 1つの ほうほうだよ。

13 2、3、4、5のだんの 九九 ①

月 日	時 分～ 時 分
名前	
	点

1 かけ算を しましょう。 　　　　　　　　　50点(1つ2)

① 5×4　　　　　② 3×8

③ 5×6　　　　　④ 5×5

⑤ 3×3　　　　　⑥ 4×2

⑦ 2×7　　　　　⑧ 2×8

⑨ 4×6　　　　　⑩ 4×5

⑪ 2×3　　　　　⑫ 2×1

⑬ 5×1　　　　　⑭ 2×2

⑮ 4×4　　　　　⑯ 5×9

⑰ 3×2　　　　　⑱ 4×3

⑲ 2×5　　　　　⑳ 3×1

㉑ 5×3　　　　　㉒ 2×4

㉓ 4×7　　　　　㉔ 5×2

㉕ 3×9

❷ かけ算を しましょう。

① 5×5　　　　② 2×6

③ 4×8　　　　④ 5×9

⑤ 3×6　　　　⑥ 4×7

⑦ 2×9　　　　⑧ 3×5

⑨ 5×7　　　　⑩ 2×2

⑪ 4×5　　　　⑫ 5×6

⑬ 3×8　　　　⑭ 4×2

⑮ 4×9　　　　⑯ 4×4

⑰ 5×1　　　　⑱ 3×7

⑲ 2×3　　　　⑳ 3×9

㉑ 3×4　　　　㉒ 5×8

㉓ 4×1　　　　㉔ 4×6

㉕ 5×3

2、3、4、5のだんの 九九は、しっかり おぼえたかな。
おぼえられない ときは、おうちの 人と いっしょに おぼえよう。

月　日　　時　分〜　時　分

名前

点

① かけ算を　しましょう。　　　50点(1つ2)

① 5×4　　② 3×7

③ 3×6　　④ 2×7

⑤ 3×3　　⑥ 3×2

⑦ 4×9　　⑧ 5×1

⑨ 2×1　　⑩ 4×5

⑪ 2×3　　⑫ 4×2

⑬ 4×8　　⑭ 3×4

⑮ 5×2　　⑯ 4×1

⑰ 2×4　　⑱ 5×3

⑲ 3×1　　⑳ 2×5

㉑ 4×3　　㉒ 2×6

㉓ 5×8　　㉔ 4×4

㉕ 2×9

❷ かけ算を しましょう。

① 4×9　　② 3×8

③ 5×6　　④ 4×1

⑤ 2×8　　⑥ 5×7

⑦ 3×5　　⑧ 2×9

⑨ 4×7　　⑩ 3×3

⑪ 5×9　　⑫ 4×8

⑬ 2×6　　⑭ 5×5

⑮ 5×4　　⑯ 2×1

⑰ 3×7　　⑱ 5×2

⑲ 2×5　　⑳ 4×3

㉑ 5×8　　㉒ 3×1

㉓ 4×6　　㉔ 2×2

㉕ 3×9

👑 まちがえやすい 九九は できたかな。2、3、4、5のだんの
九九を しっかり おぼえてから つぎへ すすもう。

15 まとめの テスト

1 かけ算の しきに かきましょう。　5点(1つ1)

① 5＋5＋5＋5＋5　　② 2本の 6つ分

(　　　　　)　　　　　　　(　　　　　)

③ 3まいの 4ばい　　④ 4この 1ばい

(　　　　　)　　　　　　　(　　　　　)

⑤ |2cm|2cm|2cm|2cm|2cm|2cm|2cm|　　(　　　　　)

2 かけ算を しましょう。　27点(1つ1)

① 2×2　　② 5×8　　③ 3×2

④ 5×6　　⑤ 4×2　　⑥ 5×4

⑦ 3×4　　⑧ 5×2　　⑨ 5×1

⑩ 2×9　　⑪ 3×7　　⑫ 2×7

⑬ 4×4　　⑭ 5×3　　⑮ 2×4

⑯ 2×3　　⑰ 4×7　　⑱ 2×1

⑲ 5×9　　⑳ 4×8　　㉑ 3×5

㉒ 4×6　　㉓ 5×5　　㉔ 2×6

㉕ 3×3　　㉖ 4×9　　㉗ 3×9

3 かけ算を しましょう。

① 4×9　　② 2×8　　③ 4×7

④ 5×6　　⑤ 4×5　　⑥ 3×4

⑦ 4×3　　⑧ 4×2　　⑨ 3×1

⑩ 5×8　　⑪ 2×4　　⑫ 4×1

⑬ 5×7　　⑭ 2×9　　⑮ 3×3

⑯ 2×7　　⑰ 3×5　　⑱ 5×4

⑲ 3×7　　⑳ 5×2　　㉑ 5×5

㉒ 4×4　　㉓ 4×6　　㉔ 2×3

㉕ 5×9　　㉖ 4×8　　㉗ 3×6

㉘ 2×6　　㉙ 3×9　　㉚ 5×3

㉛ 3×8　　㉜ 5×1　　㉝ 2×5

㉞ 3×2

16 6のだんの 九九①

❶ 6のだんの 九九を おぼえましょう。

18点(1つ2)

$6×1=6$ →六一が ① **6**

$6×6=36$ →六六 ⑥

$6×2=12$ →六二 ②

$6×7=42$ →六七 ⑦

$6×3=18$ →六三 ③

$6×8=48$ →六八 ⑧

$6×4=24$ →六四 ④

$6×9=54$ →六九 ⑨

$6×5=30$ →六五 ⑤

❷ かけ算を しましょう。

18点(1つ1)

① $6×1$　　⑩ $6×9$

② $6×2$　　⑪ $6×8$

③ $6×3$　　⑫ $6×7$

④ $6×4$　　⑬ $6×6$

⑤ $6×5$　　⑭ $6×5$

⑥ $6×6$　　⑮ $6×4$

⑦ $6×7$　　⑯ $6×3$

⑧ $6×8$　　⑰ $6×2$

⑨ $6×9$　　⑱ $6×1$

答えは
6ずつ
ふえたり
へったりして
いるよ。

31

③ かけ算を しましょう。 60点(1つ2)

① 6×1　　② 6×2　　③ 6×3

④ 6×4　　⑤ 6×5　　⑥ 6×6

⑦ 6×7　　⑧ 6×8　　⑨ 6×9

⑩ 6×2　　⑪ 6×1　　⑫ 6×7

⑬ 6×5　　⑭ 6×3　　⑮ 6×8

⑯ 6×3　　⑰ 6×4　　⑱ 6×1

⑲ 6×9　　⑳ 6×6　　㉑ 6×5

㉒ 6×6　　㉓ 6×7　　㉔ 6×2

㉕ 6×8　　㉖ 6×9　　㉗ 6×4

㉘ 6×7　　㉙ 6×8　　㉚ 6×9

④ □に あてはまる 数を かきましょう。 4点(1つ2)

① 6のだんの 九九の 答えは □ ずつ

ふえて いきます。

② 6×8＝48 だから、6×9の 答えは、

48＋□ で もとめられます。

32　　👨 5より 大きい だんの 九九は おぼえるのが たいへんだけれど、いろいろと くふうして がんばって おぼえよう。

17 6のだんの 九九 ②

月 日	時 分～ 時 分
名前	
	点

❶ □に あてはまる 数を かきましょう。　　14点(1つ1)

① 六一が [6]　② 六二 [ ]　③ 六三 [ ]

④ 六四 [ ]　⑤ 六五 [ ]　⑥ 六六 [ ]

⑦ 六七 [ ]　⑧ 六八 [ ]　⑨ 六九 [ ]

⑩ 六六 [ ]　⑪ 六四 [ ]　⑫ 六八 [ ]

⑬ 六九 [ ]　⑭ 六七 [ ]

❷ かけ算を しましょう。　　18点(1つ1)

① 6×1　　　⑩ 6×9

② 6×2　　　⑪ 6×8

③ 6×3　　　⑫ 6×7

④ 6×4　　　⑬ 6×6

⑤ 6×5　　　⑭ 6×5

⑥ 6×6　　　⑮ 6×4

⑦ 6×7　　　⑯ 6×3

⑧ 6×8　　　⑰ 6×2

⑨ 6×9　　　⑱ 6×1

どちらからも いえるように して おこう。

3 かけ算を しましょう。

① 6×9 　　② 6×8 　　③ 6×7

④ 6×6 　　⑤ 6×5 　　⑥ 6×4

⑦ 6×3 　　⑧ 6×2 　　⑨ 6×1

⑩ 6×8 　　⑪ 6×6 　　⑫ 6×3

⑬ 6×5 　　⑭ 6×7 　　⑮ 6×9

⑯ 6×4

4 かけ算を しましょう。

① 6×8 　　② 6×1 　　③ 6×3

④ 6×4 　　⑤ 6×2 　　⑥ 6×6

⑦ 6×9 　　⑧ 6×5 　　⑨ 6×7

⑩ 6×2 　　⑪ 6×8 　　⑫ 6×9

⑬ 6×7 　　⑭ 6×4 　　⑮ 6×5

⑯ 6×6 　　⑰ 6×3 　　⑱ 6×1

6のだんの 九九では、六七、六八、六九が とくに
まちがえやすいので 気を つけよう。

18　7のだんの　九九①

点

❶　7のだんの　九九を　おぼえましょう。

18点(1つ2)

$7×1=7$ →七一が ① 7

$7×2=14$ →七二 ②

$7×3=21$ →七三 ③

$7×4=28$ →七四 ④

$7×5=35$ →七五 ⑤

$7×6=42$ →七六 ⑥

$7×7=49$ →七七 ⑦

$7×8=56$ →七八 ⑧

$7×9=63$ →七九 ⑨

❷　かけ算を　しましょう。

18点(1つ1)

①　$7×1$

②　$7×2$

③　$7×3$

④　$7×4$

⑤　$7×5$

⑥　$7×6$

⑦　$7×7$

⑧　$7×8$

⑨　$7×9$

⑩　$7×9$

⑪　$7×8$

⑫　$7×7$

⑬　$7×6$

⑭　$7×5$

⑮　$7×4$

⑯　$7×3$

⑰　$7×2$

⑱　$7×1$

答えは
7ずつ
ふえたり
へったりして
いるよ。

③ かけ算を しましょう。　　　　　　　　　　60点(1つ2)

① 7×1　　　② 7×2　　　③ 7×3

④ 7×4　　　⑤ 7×5　　　⑥ 7×6

⑦ 7×7　　　⑧ 7×8　　　⑨ 7×9

⑩ 7×2　　　⑪ 7×1　　　⑫ 7×7

⑬ 7×5　　　⑭ 7×3　　　⑮ 7×8

⑯ 7×3　　　⑰ 7×4　　　⑱ 7×1

⑲ 7×9　　　⑳ 7×6　　　㉑ 7×5

㉒ 7×6　　　㉓ 7×7　　　㉔ 7×2

㉕ 7×8　　　㉖ 7×9　　　㉗ 7×4

㉘ 7×7　　　㉙ 7×8　　　㉚ 7×9

④ □に あてはまる 数を かきましょう。　　4点(1つ2)

① 7のだんの 九九の 答えは □ ずつ

ふえて いきます。

② 7×6=42 だから、7×7の 答えは、

42+□ で もとめられます。

7のだんの 九九も、4のだんの 九九と 同じように、7（しち）と
4（し）の くべつを しっかり つけて おぼえよう。

36

19　7のだんの　九九 ②

月　日	時　分〜　時　分
名前	点

❶ □に　あてはまる　数を　かきましょう。　　14点(1つ1)

① しちいち 七一が 7
② しちに 七二 □
③ しちさん 七三 □

④ しちし 七四 □
⑤ しちご 七五 □
⑥ しちろく 七六 □

⑦ しちしち 七七 □
⑧ しちは 七八 □
⑨ しちく 七九 □

⑩ 七六 □
⑪ 七四 □
⑫ 七七 □

⑬ 七八 □
⑭ 七九 □

❷ かけ算を　しましょう。　　18点(1つ1)

① 7×1
② 7×2
③ 7×3
④ 7×4
⑤ 7×5
⑥ 7×6
⑦ 7×7
⑧ 7×8
⑨ 7×9

⑩ 7×9
⑪ 7×8
⑫ 7×7
⑬ 7×6
⑭ 7×5
⑮ 7×4
⑯ 7×3
⑰ 7×2
⑱ 7×1

九九は
どちらからも
いえるように
して　おくと
いいね。

3 かけ算を しましょう。

① 7×9　　② 7×8　　③ 7×7

④ 7×6　　⑤ 7×5　　⑥ 7×4

⑦ 7×3　　⑧ 7×2　　⑨ 7×1

⑩ 7×8　　⑪ 7×6　　⑫ 7×3

⑬ 7×5　　⑭ 7×7　　⑮ 7×9

⑯ 7×4

4 かけ算を しましょう。

① 7×8　　② 7×1　　③ 7×3

④ 7×4　　⑤ 7×2　　⑥ 7×6

⑦ 7×9　　⑧ 7×5　　⑨ 7×7

⑩ 7×2　　⑪ 7×8　　⑫ 7×9

⑬ 7×7　　⑭ 7×4　　⑮ 7×5

⑯ 7×6　　⑰ 7×3　　⑱ 7×1

7のだんの 九九は まちがえやすいよ。ゆっくり となえて、おぼえよう。とくに、七四、七六、七八、七九には 気を つけよう。

| 月 | 日 | 時 | 分〜 | 時 | 分 |

名前

点

❶ 8のだんの 九九を おぼえましょう。 18点(1つ2)

8×1＝8 →八一が ①8

8×2＝16 →八二 ②

8×3＝24 →八三 ③

8×4＝32 →八四 ④

8×5＝40 →八五 ⑤

8×6＝48 →八六 ⑥

8×7＝56 →八七 ⑦

8×8＝64 →八八 ⑧

8×9＝72 →八九 ⑨

❷ かけ算を しましょう。 18点(1つ1)

① 8×1

② 8×2

③ 8×3

④ 8×4

⑤ 8×5

⑥ 8×6

⑦ 8×7

⑧ 8×8

⑨ 8×9

⑩ 8×9

⑪ 8×8

⑫ 8×7

⑬ 8×6

⑭ 8×5

⑮ 8×4

⑯ 8×3

⑰ 8×2

⑱ 8×1

答えは 8ずつ ふえたり へったり しているよ。

❸ かけ算を　しましょう。　　　　　　　60点(1つ2)

① 8×1　　　② 8×2　　　③ 8×3

④ 8×4　　　⑤ 8×5　　　⑥ 8×6

⑦ 8×7　　　⑧ 8×8　　　⑨ 8×9

⑩ 8×2　　　⑪ 8×1　　　⑫ 8×7

⑬ 8×5　　　⑭ 8×3　　　⑮ 8×8

⑯ 8×3　　　⑰ 8×4　　　⑱ 8×1

⑲ 8×9　　　⑳ 8×6　　　㉑ 8×5

㉒ 8×6　　　㉓ 8×7　　　㉔ 8×2

㉕ 8×8　　　㉖ 8×9　　　㉗ 8×4

㉘ 8×7　　　㉙ 8×8　　　㉚ 8×9

❹ □に　あてはまる　数を　かきましょう。　　4点(1つ2)

① 8のだんの　九九の　答えは　□ずつ

ふえて　いきます。

② 8×8＝64　だから、8×9の　答えは、

64＋□で　もとめられます。

8のだんの　九九では、8を「はち」や「はっ」や「ぱ」と
いろいろな　となえかたを　するから、ちゅういして　おぼえよう。

8のだんの 九九 ②

月　日　時　分〜　時　分

名前

点

❶ □に あてはまる 数を かきましょう。　14点(1つ1)

① はちいち 八一が [　]　② はちに 八二 [　]　③ はちさん 八三 [　]

④ はちし 八四 [　]　⑤ はちご 八五 [　]　⑥ はちろく 八六 [　]

⑦ はちしち 八七 [　]　⑧ はっぱ 八八 [　]　⑨ はっく 八九 [　]

⑩ 八六 [　]　⑪ 八四 [　]　⑫ 八七 [　]

⑬ 八八 [　]　⑭ 八九 [　]

❷ かけ算を しましょう。　18点(1つ1)

① 8×1　　　⑩ 8×9

② 8×2　　　⑪ 8×8

③ 8×3　　　⑫ 8×7

④ 8×4　　　⑬ 8×6

⑤ 8×5　　　⑭ 8×5

⑥ 8×6　　　⑮ 8×4

⑦ 8×7　　　⑯ 8×3

⑧ 8×8　　　⑰ 8×2

⑨ 8×9　　　⑱ 8×1

どちらからでも
いえるように
して おこう。

❸ かけ算を　しましょう。 32点(1つ2)

① 8×9　　② 8×8　　③ 8×7

④ 8×6　　⑤ 8×5　　⑥ 8×4

⑦ 8×3　　⑧ 8×2　　⑨ 8×1

⑩ 8×8　　⑪ 8×6　　⑫ 8×3

⑬ 8×5　　⑭ 8×7　　⑮ 8×9

⑯ 8×4

❹ かけ算を　しましょう。 36点(1つ2)

① 8×8　　② 8×1　　③ 8×3

④ 8×4　　⑤ 8×2　　⑥ 8×6

⑦ 8×9　　⑧ 8×5　　⑨ 8×7

⑩ 8×2　　⑪ 8×8　　⑫ 8×9

⑬ 8×7　　⑭ 8×4　　⑮ 8×5

⑯ 8×6　　⑰ 8×3　　⑱ 8×1

8のだんも　まちがえやすいよ。ゆっくり　となえて　おぼえよう。
とくに、八四、八六、八七、八八、八九には　気を　つけよう。

① 9のだんの　九九を　おぼえましょう。　　　18点(1つ2)

$9 \times 1 = 9$　→九一が　① **9**

$9 \times 2 = 18$　→九二　②

$9 \times 3 = 27$　→九三　③

$9 \times 4 = 36$　→九四　④

$9 \times 5 = 45$　→九五　⑤

$9 \times 6 = 54$　→九六　

$9 \times 7 = 63$　→九七　⑦

$9 \times 8 = 72$　→九八　⑧

$9 \times 9 = 81$　→九九　⑨

② かけ算を　しましょう。　　　18点(1つ1)

① 9×1

② 9×2

③ 9×3

④ 9×4

⑤ 9×5

⑥ 9×6

⑦ 9×7

⑧ 9×8

⑨ 9×9

⑩ 9×9

⑪ 9×8

⑫ 9×7

⑬ 9×6

⑭ 9×5

⑮ 9×4

⑯ 9×3

⑰ 9×2

⑱ 9×1

答えは
9ずつ
ふえたり
へったりして
いるよ。

❸ かけ算を しましょう。   60点(1つ2)

① 9×1　　② 9×2　　③ 9×3

④ 9×4　　⑤ 9×5　　⑥ 9×6

⑦ 9×7　　⑧ 9×8　　⑨ 9×9

⑩ 9×2　　⑪ 9×1　　⑫ 9×7

⑬ 9×5　　⑭ 9×3　　⑮ 9×8

⑯ 9×3　　⑰ 9×4　　⑱ 9×1

⑲ 9×9　　⑳ 9×6　　㉑ 9×5

㉒ 9×6　　㉓ 9×7　　㉔ 9×2

㉕ 9×8　　㉖ 9×9　　㉗ 9×4

㉘ 9×7　　㉙ 9×8　　㉚ 9×9

❹ □に あてはまる 数を かきましょう。   4点(1つ2)

① 9のだんの 九九の 答えは □ずつ

　ふえて いきます。

② 9×6＝54 だから、9×7の 答えは、

　54＋□で もとめられます。

9のだんの 九九の 答えは 一のくらいが 9、8、7、…と 1ずつ へって いるよ。ほかにも 気づく ことは ないかな。

月　日　　時　分〜　時　分

名前

点

①　□に　あてはまる　数を　かきましょう。　14点(1つ1)

① 九一が　□
② 九二　□
③ 九三　□

④ 九四　□
⑤ 九五　□
⑥ 九六　□

⑦ 九七　□
⑧ 九八　□
⑨ 九九　□

⑩ 九六　□
⑪ 九四　□
⑫ 九七　□

⑬ 九八　□
⑭ 九九　□

②　かけ算を　しましょう。　18点(1つ1)

① 9×1
② 9×2
③ 9×3
④ 9×4
⑤ 9×5
⑥ 9×6
⑦ 9×7
⑧ 9×8
⑨ 9×9

⑩ 9×9
⑪ 9×8
⑫ 9×7
⑬ 9×6
⑭ 9×5
⑮ 9×4
⑯ 9×3
⑰ 9×2
⑱ 9×1

どちらからでも
いえるように
して　おこう。

45

❸ かけ算を　しましょう。 32点(1つ2)

① 9×9　　　② 9×8　　　③ 9×7

④ 9×6　　　⑤ 9×5　　　⑥ 9×4

⑦ 9×3　　　⑧ 9×2　　　⑨ 9×1

⑩ 9×8　　　⑪ 9×6　　　⑫ 9×3

⑬ 9×5　　　⑭ 9×7　　　⑮ 9×9

⑯ 9×4

❹ かけ算を　しましょう。 36点(1つ2)

① 9×8　　　② 9×1　　　③ 9×3

④ 9×4　　　⑤ 9×2　　　⑥ 9×6

⑦ 9×9　　　⑧ 9×5　　　⑨ 9×7

⑩ 9×2　　　⑪ 9×8　　　⑫ 9×9

⑬ 9×7　　　⑭ 9×4　　　⑮ 9×5

⑯ 9×6　　　⑰ 9×3　　　⑱ 9×1

9のだんの　九九の　答えは　一のくらいの　数と　十のくらいの　数を　たすと　すべて　9に　なって　いるね。

月	日	時	分～	時	分
名前					

（てん点）

❶　１のだんの　九九を　おぼえましょう。　　18点(1つ2)

１×１＝１　→一一が　①[１]　　　　１×６＝６　→一六が　⑥[　]

１×２＝２　→一二が　②[　]　　　　１×７＝７　→一七が　⑦[　]

１×３＝３　→一三が　③[　]　　　　１×８＝８　→一八が　⑧[　]

１×４＝４　→一四が　④[　]　　　　１×９＝９　→一九が　⑨[　]

１×５＝５　→一五が　⑤[　]

❷　かけ算を　しましょう。　　18点(1つ1)

① １×１　　　　　⑩ １×９

② １×２　　　　　⑪ １×８

③ １×３　　　　　⑫ １×７

④ １×４　　　　　⑬ １×６

⑤ １×５　　　　　⑭ １×５

⑥ １×６　　　　　⑮ １×４

⑦ １×７　　　　　⑯ １×３

⑧ １×８　　　　　⑰ １×２

⑨ １×９　　　　　⑱ １×１

どちらからでも
いえるように
して　おこう。

❸ □に あてはまる 数を かきましょう。

① いんく 一九が □   ② いんはち 一八が □   ③ いんしち 一七が □

④ いんろく 一六が □   ⑤ いんご 一五が □   ⑥ いんし 一四が □

⑦ いんさん 一三が □   ⑧ いんに 一二が □   ⑨ いんいち 一一が □

⑩ 一八が □   ⑪ 一七が □   ⑫ 一九が □

❹ かけ算を しましょう。

40点（1つ2）

① 1×2   ② 1×4   ③ 1×6

④ 1×7   ⑤ 1×1   ⑥ 1×5

⑦ 1×8   ⑧ 1×3   ⑨ 1×9

⑩ 1×5   ⑪ 1×2   ⑫ 1×1

⑬ 1×9   ⑭ 1×7   ⑮ 1×3

⑯ 1×4   ⑰ 1×9   ⑱ 1×8

⑲ 1×6   ⑳ 1×8

1のだんの 九九は、答えは すぐに 出せるけれど となえかたが かわって いるよ。いいまわしを たのしみながら おぼえよう。

| | 月 日 | 時 分〜 | 時 分 |

名前

点

1 かけ算を しましょう。

50点(1つ2)

① 6×9　　　② 8×9

③ 9×7　　　④ 8×5

⑤ 1×3　　　⑥ 6×7

⑦ 9×9　　　⑧ 7×8

⑨ 8×6　　　⑩ 1×5

⑪ 7×3　　　⑫ 7×2

⑬ 6×1　　　⑭ 7×6

⑮ 9×4　　　⑯ 1×7

⑰ 8×2　　　⑱ 9×8

⑲ 7×5　　　⑳ 8×1

㉑ 6×3　　　㉒ 7×4

㉓ 9×1　　　㉔ 1×2

㉕ 8×4

❷ かけ算を しましょう。

① 1×6　　② 6×7

③ 6×5　　④ 9×6

⑤ 6×8　　⑥ 7×9

⑦ 9×7　　⑧ 1×8

⑨ 7×6　　⑩ 8×7

⑪ 1×9　　⑫ 6×6

⑬ 8×8　　⑭ 1×4

⑮ 6×4　　⑯ 7×1

⑰ 8×3　　⑱ 6×2

⑲ 9×2　　⑳ 9×5

㉑ 7×7　　㉒ 1×1

㉓ 7×3　　㉔ 6×3

㉕ 9×3

6、7、8、9、1のだんの 九九は しっかり おぼえたかな。
おぼえきれない 九九は、おうちの 人と いっしょに おぼえよう。

月 日　時 分〜　時 分
名前
点

❶ かけ算を しましょう。　　　　　　　　　　　50点(1つ2)

① 8×9　　　　② 6×8

③ 7×6　　　　④ 1×5

⑤ 8×1　　　　⑥ 6×2

⑦ 9×3　　　　⑧ 8×8

⑨ 1×6　　　　⑩ 7×2

⑪ 9×7　　　　⑫ 1×2

⑬ 9×5　　　　⑭ 8×4

⑮ 7×3　　　　⑯ 9×1

⑰ 8×5　　　　⑱ 6×3

⑲ 9×9　　　　⑳ 7×8

㉑ 6×4　　　　㉒ 8×7

㉓ 7×1　　　　㉔ 9×4

㉕ 8×3

② かけ算を しましょう。

① 7×7　　　　② 1×1

③ 9×8　　　　④ 6×1

⑤ 6×9　　　　⑥ 7×5

⑦ 8×6　　　　⑧ 1×8

⑨ 1×7　　　　⑩ 1×3

⑪ 7×8　　　　⑫ 9×6

⑬ 1×9　　　　⑭ 6×7

⑮ 6×8　　　　⑯ 8×2

⑰ 7×4　　　　⑱ 6×4

⑲ 8×3　　　　⑳ 6×5

㉑ 9×2　　　　㉒ 1×4

㉓ 6×6　　　　㉔ 8×4

㉕ 7×9

むずかしい 九九は できたかな。
何ども 何ども れんしゅうする ことが たいせつだよ。

27 まとめの テスト

1 □に あてはまる 数を かきましょう。

36点（1つ2）

① 六六 □　　② 八九 □　　③ 七一が □

④ 九七 □　　⑤ 七七 □　　⑥ 六三 □

⑦ 六九 □　　⑧ 八六 □　　⑨ 一七が □

⑩ 八八 □　　⑪ 九九 □　　⑫ 七八 □

⑬ 九二 □　　⑭ 七四 □　　⑮ 六七 □

⑯ 八四 □　　⑰ 一八が □　　⑱ 九八 □

2 かけ算を しましょう。

19点（1つ1）

① 7×2　　② 6×8　　③ 1×5

④ 9×6　　⑤ 6×5　　⑥ 7×5

⑦ 9×3　　⑧ 1×2　　⑨ 7×9

⑩ 8×2　　⑪ 7×3　　⑫ 6×2

⑬ 1×6　　⑭ 8×5　　⑮ 6×4

⑯ 8×3　　⑰ 9×1　　⑱ 8×1

⑲ 9×5

❸ かけ算を しましょう。

① 7×1　　② 8×8　　③ 9×7

④ 6×1　　⑤ 7×5　　⑥ 8×5

⑦ 7×3　　⑧ 7×2　　⑨ 1×7

⑩ 6×9　　⑪ 9×2　　⑫ 6×2

⑬ 9×6　　⑭ 1×5　　⑮ 9×4

⑯ 1×3　　⑰ 8×2　　⑱ 9×1

⑲ 8×3　　⑳ 7×9　　㉑ 1×1

㉒ 6×7　　㉓ 7×4　　㉔ 8×6

㉕ 1×8　　㉖ 9×3　　㉗ 6×4

㉘ 7×6　　㉙ 8×7　　㉚ 9×5

㉛ 1×4　　㉜ 7×8　　㉝ 1×6

㉞ 6×8　　㉟ 1×9　　㊱ 7×7

㊲ 8×4　　㊳ 8×1　　㊴ 6×6

㊵ 6×3　　㊶ 8×9　　㊷ 9×9

㊸ 9×8　　㊹ 1×2　　㊺ 6×5

月　日　時　分〜　時　分
名前

点

1 かけ算を しましょう。　　　　50点(1つ2)

① 5×1

② 6×2

③ 4×4

④ 7×6

⑤ 1×7

⑥ 6×8

⑦ 8×1

⑧ 3×2

⑨ 7×4

⑩ 8×5

⑪ 7×7

⑫ 2×8

⑬ 5×9

⑭ 8×8

⑮ 6×6

⑯ 3×5

⑰ 4×3

⑱ 1×2

⑲ 4×9

⑳ 9×8

㉑ 4×6

㉒ 6×5

㉓ 7×3

㉔ 9×2

㉕ 2×7

❷ かけ算を しましょう。

① 2×1　　　　② 5×2

③ 6×4　　　　④ 7×5

⑤ 6×7　　　　⑥ 3×8

⑦ 1×1　　　　⑧ 4×5

⑨ 9×4　　　　⑩ 5×5

⑪ 7×2　　　　⑫ 7×8

⑬ 3×6　　　　⑭ 8×9

⑮ 1×9　　　　⑯ 9×6

⑰ 8×6　　　　⑱ 4×7

⑲ 5×3　　　　⑳ 2×4

㉑ 2×9　　　　㉒ 6×1

㉓ 2×6　　　　㉔ 9×7

㉕ 2×3

九九の そうまとめの れんしゅうだよ。まちがえた だんは もう いちど れんしゅうして おこう。

月　日　時　分〜　時　分
名前
点

① かけ算を しましょう。　50点(1つ2)

① 3×1　② 6×2

③ 8×4　④ 1×5

⑤ 3×7　⑥ 4×8

⑦ 4×1　⑧ 8×2

⑨ 6×4　⑩ 4×5

⑪ 7×7　⑫ 5×7

⑬ 9×5　⑭ 1×8

⑮ 5×6　⑯ 2×5

⑰ 6×3　⑱ 3×9

⑲ 7×9　⑳ 5×8

㉑ 7×6　㉒ 4×4

㉓ 8×7　㉔ 7×2

㉕ 9×9

② かけ算を　しましょう。

① 7×1

② 4×2

③ 1×4

④ 3×5

⑤ 1×3

⑥ 2×9

⑦ 2×1

⑧ 2×2

⑨ 9×3

⑩ 4×6

⑪ 4×7

⑫ 7×8

⑬ 6×8

⑭ 8×9

⑮ 5×9

⑯ 6×6

⑰ 8×3

⑱ 5×4

⑲ 9×7

⑳ 3×4

㉑ 6×9

㉒ 9×1

㉓ 1×6

㉔ 6×7

㉕ 3×3

にがてな　九九を　みつけたら、何ども　れんしゅうしよう。

30 九九の れんしゅう③

1 かけ算を しましょう。

50点(1つ2)

① 6×1　　② 2×2

③ 5×4　　④ 3×9

⑤ 9×7　　⑥ 2×8

⑦ 1×1　　⑧ 3×2

⑨ 7×4　　⑩ 8×5

⑪ 5×7　　⑫ 4×8

⑬ 6×6　　⑭ 6×5

⑮ 8×8　　⑯ 9×5

⑰ 4×3　　⑱ 1×2

⑲ 7×7　　⑳ 7×3

㉑ 9×6　　㉒ 5×5

㉓ 2×3　　㉔ 9×2

㉕ 8×9

❷ かけ算を しましょう。

① 5×1　　　② 7×2

③ 9×3　　　④ 4×5

⑤ 3×7　　　⑥ 8×3

⑦ 2×1　　　⑧ 5×2

⑨ 8×4　　　⑩ 7×5

⑪ 9×9　　　⑫ 9×8

⑬ 8×6　　　⑭ 1×7

⑮ 5×9　　　⑯ 1×8

⑰ 4×6　　　⑱ 3×3

⑲ 5×3　　　⑳ 6×9

㉑ 2×9　　　㉒ 9×1

㉓ 1×6　　　㉔ 4×9

㉕ 6×3

もんだいを きちんと 見て、うっかり まちがえないように 気を
つけよう。ぜんぶ できるように がんばろう。

月　日　｜　時　分〜　時　分

名前

点

1 かけ算を　しましょう。　　　　　　　　50点（1つ2）

① 7×1　　　　　　② 8×2

③ 3×4　　　　　　④ 5×9

⑤ 8×7　　　　　　⑥ 5×8

⑦ 9×6　　　　　　⑧ 6×4

⑨ 1×4　　　　　　⑩ 1×5

⑪ 9×3　　　　　　⑫ 4×1

⑬ 7×9　　　　　　⑭ 8×8

⑮ 5×6　　　　　　⑯ 6×3

⑰ 2×6　　　　　　⑱ 5×2

⑲ 1×9　　　　　　⑳ 9×8

㉑ 7×6　　　　　　㉒ 3×5

㉓ 2×3　　　　　　㉔ 4×2

㉕ 7×7

❷ かけ算を しましょう。

50点(1つ2)

① 8×1　　　　② 9×2

③ 6×9　　　　④ 8×5

⑤ 3×7　　　　⑥ 7×8

⑦ 2×1　　　　⑧ 1×3

⑨ 8×4　　　　⑩ 5×5

⑪ 9×7　　　　⑫ 6×8

⑬ 4×9　　　　⑭ 6×7

⑮ 2×2　　　　⑯ 5×3

⑰ 7×5　　　　⑱ 6×6

⑲ 3×8　　　　⑳ 3×3

㉑ 7×2　　　　㉒ 2×5

㉓ 9×5　　　　㉔ 1×6

㉕ 4×7

あわてて 答えを かかないで、1つずつ きちんと 九九を あたまの 中で となえながら、計算して いこう。

62

月　日　時　分〜　時　分

名前

点

❶ かけ算を しましょう。　　　　　　　50点(1つ2)

① 9×2　　　　　② 5×9

③ 3×4　　　　　④ 1×5

⑤ 1×7　　　　　⑥ 1×8

⑦ 8×9　　　　　⑧ 5×8

⑨ 8×2　　　　　⑩ 4×5

⑪ 7×3　　　　　⑫ 9×6

⑬ 6×4　　　　　⑭ 7×4

⑮ 9×9　　　　　⑯ 3×6

⑰ 3×1　　　　　⑱ 4×8

⑲ 2×4　　　　　⑳ 6×3

㉑ 8×3　　　　　㉒ 4×4

㉓ 6×2　　　　　㉔ 5×7

㉕ 9×3

❷ かけ算を　しましょう。

① 6×9

② 2×8

③ 1×2

④ 1×4

⑤ 2×7

⑥ 8×7

⑦ 3×5

⑧ 5×5

⑨ 3×3

⑩ 9×1

⑪ 4×6

⑫ 7×9

⑬ 7×7

⑭ 5×6

⑮ 9×4

⑯ 4×9

⑰ 4×7

⑱ 9×8

⑲ 5×4

⑳ 6×1

㉑ 4×3

㉒ 7×1

㉓ 9×5

㉔ 7×6

㉕ 6×8

おぼえられない　九九が　あったら、おうちの　人や　ともだちと
れんしゅうして、おぼえても　いいね。

33 まとめの テスト

月　日　もくひょう時間 **15** 分

名前

点

1 □に あてはまる 数を かきましょう。　36点(1つ2)

① 三四 　② 一二が 　③ 四七

④ 五九 　⑤ 六八 　⑥ 二九

⑦ 八三 　⑧ 七六 　⑨ 三六

⑩ 九七 　⑪ 四五 　⑫ 一八が

⑬ 七四 　⑭ 七八 　⑮ 六四

⑯ 八七 □　⑰ 五七 □　⑱ 九八 □

2 かけ算を しましょう。　18点(1つ1)

① 5×9　② 2×8　③ 3×7

④ 5×6　⑤ 7×5　⑥ 8×4

⑦ 6×3　⑧ 4×2　⑨ 9×1

⑩ 4×9　⑪ 6×8　⑫ 7×7

⑬ 4×6　⑭ 1×5　⑮ 2×4

⑯ 3×3　⑰ 9×2　⑱ 8×1

❸ かけ算を しましょう。

① 8×9　② 5×2　③ 1×7

④ 2×6　⑤ 3×5　⑥ 4×4

⑦ 7×3　⑧ 9×8　⑨ 1×1

⑩ 5×8　⑪ 2×7　⑫ 3×6

⑬ 4×8　⑭ 6×7　⑮ 9×4

⑯ 8×8　⑰ 9×7　⑱ 1×6

⑲ 3×9　⑳ 4×7　㉑ 7×6

㉒ 7×9　㉓ 9×9　㉔ 6×5

㉕ 6×9　㉖ 8×6　㉗ 4×5

㉘ 9×6　㉙ 6×4　㉚ 6×8

㉛ 1×9　㉜ 9×5　㉝ 8×5

㉞ 7×8　㉟ 8×3　㊱ 4×3

㊲ 8×2　㊳ 7×4　㊴ 1×8

㊵ 9×3　㊶ 6×6　㊷ 5×5

㊸ 3×4　㊹ 2×9　㊺ 3×8

㊻ 5×7

34 九九の　ひょう

① 下の　九九の　ひょうを　見て　答えましょう。

36点(1つ4)

かける数

	1	2	3	4	5	6	7	8	9
1	1	2	3	4	5	6	7	8	9
2	2	4	6	8	10	㋐	14	16	18
3	3	6	9	12	15	18	21	24	27
4	4	8	12	16	20	24	28	32	36
5	5	10	㋑	20	25	30	35	40	45
6	6	12	18	24	30	36	42	㋒	54
7	7	14	21	28	35	42	49	56	63
8	8	16	24	32	40	48	56	64	72
9	9	㋓	27	36	45	54	63	72	81

かけられる数

① ㋐、㋑、㋒、㋓に　あてはまる　数を　かきましょう。

㋐　(　　　　　)　　　　　㋑　(　　　　　)

㋒　(　　　　　)　　　　　㋓　(　　　　　)

② 答えが　つぎの　数に　なる　九九を　すべて

かきましょう。

㋐　36　(4×9)　(　　　　)　(　　　　)

㋑　28　(　　　　)　(　　　　)

❷ 下の 九九の ひょうを 見て 答えましょう。

64点(①1つ2、②③1つ5)

かける数

	1	2	3	4	5	6	7	8	9
1	1	2	3	4	5	6	7	8	9
2	2	4	6	8	10	12	14	16	18
3	3	6	9	12	15	18	21	24	27
4	4	8	12	16	20	24	28	32	36
5	5	10	15	20	25	30	35	40	45
6									
7									
8	8	16	24	32	40	48	56	64	72
9									

かけられる数

① 6、7、9のだんの ますに 数を かきましょう。

② 3のだんの 答えと 4のだんの 答えを たてに たすと 何のだんの 答えと 同じに なるでしょう。

（　　　　　）

③ 9のだんの 答えから、3のだんの 答えを ひくと 何のだんの 答えと 同じに なるでしょう。

（　　　　　）

👑 九九の ひょうを よんだり かいたり できるように なったかな。
ひょうから どんな ことに 気づいたかな。

35 九九の きまり

❶ □に あてはまる 数を かきましょう。　36点(1つ4)

① 3のだんの 九九では、かける数が １ ふえると、

答えは □ ふえます。

② 5のだんの 九九では、かける数が １ ふえると、

答えは □ ふえます。

③ かける数が １ ふえると、答えが 8 ふえるのは

□ のだんの 九九です。

④ $3 \times 8 = \underset{24}{3 \times 7} + \boxed{3}$

⑤ $4 \times 5 = 4 \times 4 + \boxed{}$

⑥ $7 \times 7 = 7 \times \boxed{} + 7$

⑦ $9 \times 6 = 9 \times 5 + \boxed{}$

かけ算では、
かける数が １ ふえると、
答えは かけられる数だけ
ふえるんだよ。

⑧ $\boxed{} \times 4 = 6 \times 3 + 6$

⑨ $8 \times 9 = 8 \times 8 + \boxed{}$

❷ □に あてはまる 数を かきましょう。 24点(1つ4)

① $5 \times 7 = \boxed{7} \times 5$
35

② $4 \times 6 = \boxed{} \times 4$

かけ算では、
かけられる数と かける数を
入れかえても、
答えは 同じに なるよ。

③ $8 \times 3 = 3 \times \boxed{}$

④ $6 \times 2 = 2 \times \boxed{}$

⑤ $9 \times 8 = \boxed{} \times 9$ ⑥ $3 \times 5 = 5 \times \boxed{}$

❸ つぎの かけ算の しきを ぜんぶ かきましょう。
40点(1つ5)

① 答えが 18に なる かけ算の しき

   2×9 = 9×2 だから、……

3×6 ×

② 答えが 24に なる かけ算の しき

(   ) (   )

(   ) (   )

👑 かける数が 1 ふえると、答えは かけられる数だけ ふえるよ。
かける数と かけられる数を 入れかえても 答えは 同じに なるよ。

36 九九を こえて

❶ 4×12の 答えを □に あてはまる 数を
かいて もとめましょう。

52点(1つ4)

① かける数が 1 ふえると、答えは 4ずつ
ふえる ことから 考えます。

4 × 9 = 36

↓1 ふえる ⑦ 40 ↘4 ふえる

4 × 10 = 40

↓1 ふえる ↘4 ふえる

4 × 11 = ⑦

↓1 ふえる ↘4 ふえる

4 × 12 = ⑦

② 4×9と 4×3に わけて 考えます。

4 × 9 = ㋑

4 × 3 = ㋔

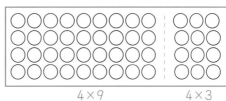

4×9　　　　　4×3

4 × 12 = ㋕ ＋ ㋖ = ㋗

③ 4×10と 4×2に わけて 考えます。

4×10＝10×4＝10＋10＋10＋10＝㋙ 40

4 × 2 = ㋚

4 × 12 = ㋛ ＋ ㋜ = ㋝

2 13×3の 答えを ☐に あてはまる 数を
かいて もとめましょう。

24点(1つ4)

13×3 = ①☐ ×13だから、

右の 図のように 考えると、

3 × 9 = ②☐

3 × 4 = ③☐

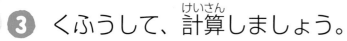

13×3 = ④☐ + ⑤☐ = ⑥☐

3 くふうして、計算しましょう。

24点(1つ4)

① 7×10

② 5×13

③ 6×11

④ 8×12

⑤ 13×3

⑥ 11×9

いろいろな
しかたで
もとめる ことが
できるんだよ。

👑 かける数が 9を こえても、かけ算の きまりを つかうなどして
答えを もとめる ことが できるよ。

37 まとめの テスト

1 九九の ひょうに ついて 答えましょう。　16点(1つ4)

① 6のだんの 九九では、かける数が 1 ふえると 答えは いくつ ふえるでしょう。（　　　　　　）

② かける数が 1 ふえると、答えが 9 ふえるのは 何のだんの 九九でしょう。　（　　　　　　）

③ 2のだんの 答えと 6のだんの 答えを たてに たすと 何のだんの 答えと 同じに なるでしょう。
（　　　　　　）

④ 7のだんの 答えから 4のだんの 答えを ひくと 何のだんの 答えと 同じに なるでしょう。
（　　　　　　）

2 □に あてはまる 数を かきましょう。　24点(1つ4)

① $2 \times 7 = 2 \times 6 + \boxed{}$　② $5 \times 4 = 5 \times 3 + \boxed{}$

③ $4 \times 9 = 4 \times 8 + \boxed{}$　④ $8 \times 3 = 8 \times 2 + \boxed{}$

⑤ $7 \times 5 = 7 \times \boxed{} + 7$　⑥ $\boxed{} \times 6 = 9 \times 5 + 9$

3 □に あてはまる 数を かきましょう。 24点(1つ4)

① 3×7=□×3   ② 2×9=□×2

③ 8×4=4×□   ④ 7×5=5×□

⑤ 5×6=□×5   ⑥ 6×8=8×□

4 くふうして 計算しましょう。 8点(1つ4)

① 4×10   ② 7×12

5 かけ算の しきを ぜんぶ かきましょう。 28点(1つ4)

① 答えが 12に なる かけ算の しき

( ) ( )

( ) ( )

② 答えが 36に なる かけ算の しき

( ) ( )

( )

38 しあげの テスト1

1 かけ算を しましょう。

50点(1つ1)

① 5×1　　② 7×2　　③ 3×3

④ 4×4　　⑤ 7×5　　⑥ 8×6

⑦ 2×7　　⑧ 8×8　　⑨ 9×9

⑩ 6×1　　⑪ 5×2　　⑫ 2×3

⑬ 7×4　　⑭ 8×3　　⑮ 6×6

⑯ 1×7　　⑰ 7×8　　⑱ 3×9

⑲ 4×1　　⑳ 1×2　　㉑ 5×3

㉒ 2×4　　㉓ 8×5　　㉔ 4×6

㉕ 6×7　　㉖ 5×8　　㉗ 9×4

㉘ 3×1　　㉙ 9×2　　㉚ 6×3

㉛ 5×4　　㉜ 2×5　　㉝ 3×6

㉞ 4×7　　㉟ 6×8　　㊱ 5×9

㊲ 7×1　　㊳ 8×2　　㊴ 8×7

㊵ 6×4　　㊶ 5×5　　㊷ 7×6

㊸ 3×7　　㊹ 9×8　　㊺ 6×9

㊻ 1×9　　㊼ 2×2　　㊽ 4×3

㊾ 9×7　　㊿ 8×9

❷ かけ算を　しましょう。

50点(1つ1)

① 6×1　　② 2×2　　③ 9×5

④ 2×9　　⑤ 1×5　　⑥ 6×6

⑦ 7×7　　⑧ 3×8　　⑨ 4×9

⑩ 1×1　　⑪ 6×2　　⑫ 7×3

⑬ 8×4　　⑭ 4×7　　⑮ 1×6

⑯ 6×7　　⑰ 7×8　　⑱ 8×9

⑲ 9×1　　⑳ 7×1　　㉑ 6×3

㉒ 3×4　　㉓ 3×5　　㉔ 9×6

㉕ 5×7　　㉖ 6×8　　㉗ 7×9

㉘ 8×1　　㉙ 4×2　　㉚ 1×3

㉛ 6×4　　㉜ 4×5　　㉝ 8×6

㉞ 9×7　　㉟ 1×8　　㊱ 6×9

㊲ 2×1　　㊳ 3×2　　㊴ 5×6

㊵ 1×4　　㊶ 6×5　　㊷ 2×6

㊸ 8×7　　㊹ 4×8　　㊺ 1×9

㊻ 2×8　　㊼ 7×2　　㊽ 9×3

㊾ 7×6　　㊿ 4×6

39 しあげの テスト2

1 かけ算を しましょう。

50点(1つ1)

① 1×2　　② 2×8　　③ 3×7

④ 9×6　　⑤ 6×5　　⑥ 5×4

⑦ 2×3　　⑧ 8×2　　⑨ 4×1

⑩ 6×9　　⑪ 5×8　　⑫ 7×7

⑬ 8×6　　⑭ 9×5　　⑮ 8×4

⑯ 9×3　　⑰ 2×2　　⑱ 3×1

⑲ 4×9　　⑳ 6×8　　㉑ 5×7

㉒ 7×6　　㉓ 3×5　　㉔ 4×4

㉕ 6×3　　㉖ 5×2　　㉗ 2×1

㉘ 3×9　　㉙ 8×8　　㉚ 7×8

㉛ 1×6　　㉜ 7×5　　㉝ 2×7

㉞ 4×3　　㉟ 6×2　　㊱ 5×1

㊲ 9×1　　㊳ 3×8　　㊴ 4×7

㊵ 6×6　　㊶ 5×5　　㊷ 2×4

㊸ 8×3　　㊹ 9×2　　㊺ 1×1

㊻ 5×9　　㊼ 9×8　　㊽ 9×7

㊾ 4×6　　㊿ 1×7

❷ かけ算を しましょう。

① 6×9　　② 5×3　　③ 8×7

④ 4×9　　⑤ 1×5　　⑥ 6×4

⑦ 7×3　　⑧ 3×2　　⑨ 2×9

⑩ 1×9　　⑪ 6×8　　⑫ 3×4

⑬ 3×6　　⑭ 4×5　　⑮ 1×4

⑯ 8×3　　⑰ 7×2　　⑱ 8×1

⑲ 9×9　　⑳ 1×8　　㉑ 6×7

㉒ 2×6　　㉓ 8×5　　㉔ 9×4

㉕ 1×3　　㉖ 6×2　　㉗ 7×1

㉘ 8×9　　㉙ 9×8　　㉚ 4×7

㉛ 6×6　　㉜ 2×5　　㉝ 9×7

㉞ 9×3　　㉟ 1×2　　㊱ 6×1

㊲ 7×9　　㊳ 8×8　　㊴ 8×4

㊵ 5×6　　㊶ 9×5　　㊷ 8×6

㊸ 3×3　　㊹ 4×2　　㊺ 5×7

㊻ 4×8　　㊼ 7×8　　㊽ 7×4

㊾ 9×6　　㊿ 7×6

40　3年生の　かけ算

0の　かけ算を　考えて　みましょう。

$$5×0=\boxed{?}$$

5のだんの　九九の
きまりから
考えて　みよう。

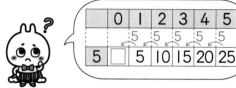

5×0は、5×1より　5　小さく　なるから、
　　5×0=0

0+0+0+0+0

$$0×5=\boxed{?}$$

0の　5つ分を
考えて　みよう。

0×5は、0の　5つ分だから、
　　0×5=0

どんな　数に　0を　かけても　答えは　0です。
また、0に　どんな　数を　かけても　答えは　0です。

★1　0の　かけ算に　ちょうせんして　みましょう。
①　2×0　　　　　②　6×0

③　0×4　　　　　④　0×7

10の　かけ算を　考えて　みましょう。

$5 \times 10 = \boxed{?}$

5のだんの　九九の　きまりから
考えて　みよう。

5×10は、5×9より　5　大きく　なるから、
5×10＝**50**

$10 \times 5 = \boxed{?}$

10の　5つ分と
考えると　いいね。

10+10+10+10+10

かけられる数と
かける数を
入れかえたら　いいね。

10×5＝5×10

10×5＝**50**

★**2**　10の　かけ算に　ちょうせんして　みましょう。
①　3×10　　　　②　8×10

③　10×2　　　　④　10×9

答え 2年の かけ算

1 じゅんび ①

1 ①20、25、30
②8、10、12

2 ①15　②6
③9　④12
⑤18　⑥21
⑦24　⑧27

3 ①20　②8
③25　④10
⑤12　⑥16
⑦15　⑧20
⑨24　⑩28
⑪30　⑫35

4 ①10
②15
③20
④25
⑤30
⑥35
⑦40

5 ①4
②6
③8
④10
⑤12
⑥14
⑦16

おうちの方へ 同じ数のたし算は、かけ算のきほんになりますから、まちがいのないようにれんしゅうしておきましょう。

1 5とびの数、2とびの数をもとめるもんだいで、九九のはじめの、5のだんの九九と2のだんの九九につながります。5とびの数は、一のくらいが、5、0、5、0、……となります。

4 答えは、①からじゅんに、5ずつふえていきます。だから、すべてはじめからたし算をしなくても、前のもんだいの答えに5をたせば答えをもとめることができます。

2 じゅんび ②

1 ①35、30、25
②14、12、10

2 ①15　②20
③6　④8
⑤6　⑥12
⑦15　⑧12
⑨16　⑩20
⑪18　⑫24
⑬30　⑭14
⑮28　⑯35
⑰24　⑱18
⑲32　⑳36

3 ①25　②10
③15　④20
⑤30　⑥35

4 ①20
②25
③30
④35
⑤40
⑥45
⑦8
⑧10
⑨12
⑩14
⑪16
⑫18

おうちの方へ かけ算のきほんとなる計算れんしゅうです。ぜんぶできるまで、れんしゅうしましょう。

3 かけ算の しき

1 ①3、4　　②3、4
③3、3、3、3、12、12

2 ①4×5
②7×8
③6×6
④2×9

81

❸ ①$2+2+2+2+2+2+2=14$
②$3+3+3+3+3+3=18$
③$5+5+5+5+5+5+5=35$
④$6+6+6+6=24$
⑤$9+9+9=27$
⑥$8+8+8+8=32$
⑦$4+4=8$
⑧$7+7+7+7=28$
⑨$9+9=18$
⑩$8+8+8=24$

おうちの方へ ある数のいくつ分の数をもとめるときには、かけ算をつかいます。ここで、しっかりとかけ算のいみをつかんでおきましょう。
❶ 1さらに3こずつ4さら分なので
$3×4$（3かける4）となります。

👑4 何ばい

❶ ①2ばい、3ばい ②1ばい
❷ ①6 ②4
❸ ①$3×5$ ②$6×3$
③$8×1$ ④$2×6$
❹ ①しき $6×2$ ②しき $2×5$
　　答え 12こ 　答え 10こ
③しき $4×3$ ④しき $7×1$
　　答え 12 　答え 7
⑤しき $6×4$ ⑥しき $3×2$
　　答え 24 　答え 6
⑦しき $5×3$ ⑧しき $9×2$
　　答え 15 　答え 18

おうちの方へ 「何ばい」かをもとめるときにも、かけ算のしきをつかいます。
❷ ①4cmの6つ分なので、6ばい
②5cmの4つ分なので、4ばい

👑5 5のだんの 九九①

❶ ①5
②10
③15
④20
⑤25
⑥30
⑦35
⑧40
⑨45

❷ ①5　⑩45
②10　⑪40
③15　⑫35
④20　⑬30
⑤25　⑭25
⑥30　⑮20
⑦35　⑯15
⑧40　⑰10
⑨45　⑱5

❸ ①5 ②10 ③15 ④20
⑤25 ⑥30 ⑦35 ⑧40
⑨45 ⑩10 ⑪20 ⑫25
⑬45 ⑭5 ⑮35 ⑯30
⑰40 ⑱15 ⑲35 ⑳20
㉑40 ㉒45 ㉓10 ㉔30
㉕40 ㉖35 ㉗5 ㉘15
㉙25 ㉚45

❹ ①5 ②5

おうちの方へ 九九は、ちょうしよくとなえられるようにくふうされているので、いっしょにれんしゅうしてあげましょう。5のだんの九九の答えは、5ずつふえたりへったりします。5のだんの答えの一のくらいは、5、0、5、0、…となるのでおぼえやすくなっています。

👑6 5のだんの 九九②

❶ ①5 ②10 ③15
④20 ⑤25 ⑥30
⑦35 ⑧40 ⑨45
⑩10 ⑪20 ⑫40
⑬25 ⑭35

2
①5 ⑩45
②10 ⑪40
③15 ⑫35
④20 ⑬30
⑤25 ⑭25
⑥30 ⑮20
⑦35 ⑯15
⑧40 ⑰10
⑨45 ⑱5

3
①45 ②40 ③35 ④30
⑤25 ⑥20 ⑦15 ⑧10
⑨5 ⑩40 ⑪30 ⑫45
⑬20 ⑭15 ⑮25 ⑯35

4
①40 ②5 ③20
④15 ⑤35 ⑥10
⑦45 ⑧25 ⑨30
⑩10 ⑪40 ⑫5
⑬35 ⑭15 ⑮25
⑯30 ⑰20 ⑱45

🏠**おうちの方へ** おぼえられないときは、1つ上や1つ下の九九の答えに5をたしたりひいたりすることで、答えが出せます。

7 2のだんの 九九①

1
①2
②4
③6
④8
⑤10
⑥12
⑦14
⑧16
⑨18

2
①2 ⑩18
②4 ⑪16
③6 ⑫14
④8 ⑬12
⑤10 ⑭10
⑥12 ⑮8
⑦14 ⑯6
⑧16 ⑰4
⑨18 ⑱2

3
①2 ②4 ③6
④8 ⑤10 ⑥12
⑦14 ⑧16 ⑨18
⑩4 ⑪2 ⑫14
⑬10 ⑭6 ⑮16
⑯6 ⑰8 ⑱2
⑲18 ⑳12 ㉑10
㉒12 ㉓14 ㉔4
㉕16 ㉖18 ㉗8
㉘14 ㉙16 ㉚18

4
①2 ②2

🏠**おうちの方へ** 2とびの数の数えかたになれていれば、2のだんの九九の答えはおぼえやすいです。

8 2のだんの 九九②

1
①2 ②4 ③6
④8 ⑤10 ⑥12
⑦14 ⑧16 ⑨18
⑩10 ⑪8 ⑫14
⑬16 ⑭18

2
①2 ⑩18
②4 ⑪16
③6 ⑫14
④8 ⑬12
⑤10 ⑭10
⑥12 ⑮8
⑦14 ⑯6
⑧16 ⑰4
⑨18 ⑱2

3
①18 ②16 ③14 ④12
⑤10 ⑥8 ⑦6 ⑧4
⑨2 ⑩16 ⑪12 ⑫18
⑬8 ⑭6 ⑮10 ⑯14

4
①16 ②2 ③8
④6 ⑤14 ⑥4
⑦18 ⑧10 ⑨12
⑩4 ⑪16 ⑫2
⑬14 ⑭6 ⑮10
⑯12 ⑰8 ⑱18

🏠 おうちの方へ 二四と二七はまちがえやすいので気をつけましょう。

9 3のだんの 九九①

1
①3 ②6 ③9 ④12 ⑤15 ⑥18 ⑦21 ⑧24 ⑨27

2
①3 ⑩27
②6 ⑪24
③9 ⑫21
④12 ⑬18
⑤15 ⑭15
⑥18 ⑮12
⑦21 ⑯9
⑧24 ⑰6
⑨27 ⑱3

3
①3 ②6 ③9
④12 ⑤15 ⑥18
⑦21 ⑧24 ⑨27
⑩6 ⑪3 ⑫21
⑬15 ⑭9 ⑮24
⑯9 ⑰12 ⑱3
⑲27 ⑳18 ㉑15
㉒18 ㉓21 ㉔6
㉕24 ㉖27 ㉗12
㉘21 ㉙24 ㉚27

4 ①3 ②3

🏠 おうちの方へ 3のだんは、5のだんや2のだんとちがって、おぼえないとできません。きちんとおぼえておきましょう。

10 3のだんの 九九②

1
①3 ②6 ③9
④12 ⑤15 ⑥18
⑦21 ⑧24 ⑨27
⑩18 ⑪27 ⑫12
⑬24 ⑭21

2
①3 ⑩27
②6 ⑪24
③9 ⑫21
④12 ⑬18
⑤15 ⑭15
⑥18 ⑮12
⑦21 ⑯9
⑧24 ⑰6
⑨27 ⑱3

3
①27 ②24 ③21
④18 ⑤15 ⑥12
⑦9 ⑧6 ⑨3
⑩24 ⑪18 ⑫27
⑬12 ⑭9 ⑮15
⑯21

4
①24 ②3 ③12
④9 ⑤21 ⑥6
⑦27 ⑧15 ⑨18
⑩6 ⑪24 ⑫3
⑬21 ⑭9 ⑮15
⑯18 ⑰12 ⑱27

🏠 おうちの方へ 3のだんには、まちがえやすいものがたくさんあります。三四、三七、三八、三九など、何どもとなえてれんしゅうしましょう。また、三四は三五15−3、三七は三六18＋3というように、くふうすることもたいせつです。

❶
①4		
②8		
③12		
④16		
⑤20		
⑥24		
⑦28		
⑧32		
⑨36		

❷
①4	⑩36
②8	⑪32
③12	⑫28
④16	⑬24
⑤20	⑭20
⑥24	⑮16
⑦28	⑯12
⑧32	⑰8
⑨36	⑱4

❸
①4	②8	③12
④16	⑤20	⑥24
⑦28	⑧32	⑨36
⑩8	⑪4	⑫28
⑬20	⑭12	⑮32
⑯12	⑰16	⑱4
⑲36	⑳24	㉑20
㉒24	㉓28	㉔8
㉕32	㉖36	㉗16
㉘28	㉙32	㉚36

❹
①4	②4

🏠おうちの方へ 4のだんは、7のだんとともにまちがえやすい九九です。そろばんでは四をよん、七をななとよんであやまりをふせいでいます。九九は、「ちょうしよくとなえる」ことを考えているため、四をし、七をしちとよんでいるので気をつけましょう。

❶
①4	②8	③12
④16	⑤20	⑥24
⑦28	⑧32	⑨36
⑩24	⑪16	⑫28
⑬32	⑭36	

❷
①4	⑩36
②8	⑪32
③12	⑫28
④16	⑬24
⑤20	⑭20
⑥24	⑮16
⑦28	⑯12
⑧32	⑰8
⑨36	⑱4

❸
①36	②32	③28
④24	⑤20	⑥16
⑦12	⑧8	⑨4
⑩32	⑪24	⑫36
⑬16	⑭12	⑮20
⑯28		

❹
①32	②4	③16
④12	⑤28	⑥8
⑦36	⑧20	⑨24
⑩8	⑪32	⑫4
⑬28	⑭12	⑮20
⑯24	⑰16	⑱36

🏠おうちの方へ 4のだんで、とくにまちがえやすいのは、四四と四七です。何どもとなえてれんしゅうしましょう。また、四四は四三12+4、四七は四六24+4とくふうしてみましょう。

13

2、3、4、5のだんの九九①

1
①20	②24
③30	④25
⑤9	⑥8
⑦14	⑧16
⑨24	⑩20
⑪6	⑫2
⑬5	⑭4
⑮16	⑯45
⑰6	⑱12
⑲10	⑳3
㉑15	㉒8
㉓28	㉔10
㉕27	

2
①25	②12
③32	④45
⑤18	⑥28
⑦18	⑧15
⑨35	⑩4
⑪20	⑫30
⑬24	⑭8
⑮36	⑯16
⑰5	⑱21
⑲6	⑳27
㉑12	㉒40
㉓4	㉔24
㉕15	

おうちの方へ ぜんぶできましたか。まちがえたところは、それぞれのだんの九九を、もういちどおぼえなおしましょう。

2、3、4、5のだんの九九②

1
①20	②21
③18	④14
⑤9	⑥6
⑦36	⑧5
⑨2	⑩20
⑪6	⑫8
⑬32	⑭12
⑮10	⑯4
⑰8	⑱15
⑲3	⑳10
㉑12	㉒12
㉓40	㉔16
㉕18	

2
①36	②24
③30	④4
⑤16	⑥35
⑦15	⑧18
⑨28	⑩9
⑪45	⑫32
⑬12	⑭25
⑮20	⑯2
⑰21	⑱10
⑲10	⑳12
㉑40	㉒3
㉓24	㉔4
㉕27	

おうちの方へ 二四、二七、三七、三九、四四、四七など、まちがえやすい九九はくりかえしれんしゅうしましょう。

15

まとめの テスト

1
①5×5	②2×6
③3×4	④4×1
⑤2×7	

2
①4	②40	③6
④30	⑤8	⑥20
⑦12	⑧10	⑨5
⑩18	⑪21	⑫14
⑬16	⑭15	⑮8
⑯6	⑰28	⑱2
⑲45	⑳32	㉑15
㉒24	㉓25	㉔12
㉕9	㉖36	㉗27

3
①36	②16	③28	
④30	⑤20	⑥12	
⑦12	⑧8	⑨3	
⑩40	⑪8	⑫4	
⑬35	⑭18	⑮9	
⑯14	⑰15	⑱20	
⑲21	⑳10	㉑25	
㉒16	㉓24	㉔6	
㉕45	㉖32	㉗18	
㉘12	㉙27	㉚15	
㉛24	㉜5	㉝10	㉞6

おうちの方へ きめられた時間でぜんぶできましたか。テストはスピードがたいせつですから、わからないところはあとにまわして、できるところから答えをかき、のこった時間でつまずいたもんだいにとりくみましょう。

16 6のだんの 九九①

❶
①6
②12
③18
④24
⑤30
⑥36
⑦42
⑧48
⑨54

❷
①6
②12
③18
④24
⑤30
⑥36
⑦42
⑧48
⑨54
⑩54
⑪48
⑫42
⑬36
⑭30
⑮24
⑯18
⑰12
⑱6

❸
①6 ②12 ③18
④24 ⑤30 ⑥36
⑦42 ⑧48 ⑨54
⑩12 ⑪6 ⑫42
⑬30 ⑭18 ⑮48
⑯18 ⑰24 ⑱6
⑲54 ⑳36 ㉑30
㉒36 ㉓42 ㉔12
㉕48 ㉖54 ㉗24
㉘42 ㉙48 ㉚54

❹
①6 ②6

⭐おうちの方へ 6のだんの九九は、まちがえやすいので、ゆっくり、しっかりおぼえるようにしましょう。6のだんは、6ずつふえたりへったりすることに気づいて答えをたしかめましょう。

17 6のだんの 九九②

❶
①6 ②12 ③18
④24 ⑤30 ⑥36
⑦42 ⑧48 ⑨54
⑩36 ⑪24 ⑫48
⑬54 ⑭42

❷
①6
②12
③18
④24
⑤30
⑥36
⑦42
⑧48
⑨54
⑩54
⑪48
⑫42
⑬36
⑭30
⑮24
⑯18
⑰12
⑱6

❸
①54 ②48 ③42
④36 ⑤30 ⑥24
⑦18 ⑧12 ⑨6
⑩48 ⑪36 ⑫18
⑬30 ⑭42 ⑮54
⑯24

❹
①48 ②6 ③18
④24 ⑤12 ⑥36
⑦54 ⑧30 ⑨42
⑩12 ⑪48 ⑫54
⑬42 ⑭24 ⑮30
⑯36 ⑰18 ⑱6

⭐おうちの方へ まちがえやすい九九、たとえば、六四、六七、六八、六九など、くりかえしれんしゅうしましょう。

87

18 7のだんの 九九①

❶
① 7
② 14
③ 21
④ 28
⑤ 35
⑥ 42
⑦ 49
⑧ 56
⑨ 63

❷
① 7　⑩ 63
② 14　⑪ 56
③ 21　⑫ 49
④ 28　⑬ 42
⑤ 35　⑭ 35
⑥ 42　⑮ 28
⑦ 49　⑯ 21
⑧ 56　⑰ 14
⑨ 63　⑱ 7

❸
① 7　② 14　③ 21
④ 28　⑤ 35　⑥ 42
⑦ 49　⑧ 56　⑨ 63
⑩ 14　⑪ 7　⑫ 49
⑬ 35　⑭ 21　⑮ 56
⑯ 21　⑰ 28　⑱ 7
⑲ 63　⑳ 42　㉑ 35
㉒ 42　㉓ 49　㉔ 14
㉕ 56　㉖ 63　㉗ 28
㉘ 49　㉙ 56　㉚ 63

❹
① 7　② 7

🏠 おうちの方へ　7のだんの九九はいちばんむずかしく、まちがえやすいのでちゅういしましょう。とくに、七二、七四、七六、七七、七八、七九は、ていねいにくりかえしれんしゅうしましょう。

19 7のだんの 九九②

❶
① 7　② 14　③ 21
④ 28　⑤ 35　⑥ 42
⑦ 49　⑧ 56　⑨ 63
⑩ 42　⑪ 28　⑫ 49
⑬ 56　⑭ 63

❷
① 7　⑩ 63
② 14　⑪ 56
③ 21　⑫ 49
④ 28　⑬ 42
⑤ 35　⑭ 35
⑥ 42　⑮ 28
⑦ 49　⑯ 21
⑧ 56　⑰ 14
⑨ 63　⑱ 7

❸
① 63　② 56　③ 49
④ 42　⑤ 35　⑥ 28
⑦ 21　⑧ 14　⑨ 7
⑩ 56　⑪ 42　⑫ 21
⑬ 35　⑭ 49　⑮ 63　⑯ 28

❹
① 56　② 7　③ 21
④ 28　⑤ 14　⑥ 42
⑦ 63　⑧ 35　⑨ 49
⑩ 14　⑪ 56　⑫ 63
⑬ 49　⑭ 28　⑮ 35
⑯ 42　⑰ 21　⑱ 7

🏠 おうちの方へ　七四は七三21＋7、七六は七五35＋7というように、まちがえやすい九九の答えをたしかめましょう。

20 8のだんの 九九①

❶
① 8
② 16
③ 24
④ 32
⑤ 40
⑥ 48
⑦ 56
⑧ 64
⑨ 72

❷
① 8　⑩ 72
② 16　⑪ 64
③ 24　⑫ 56
④ 32　⑬ 48
⑤ 40　⑭ 40
⑥ 48　⑮ 32
⑦ 56　⑯ 24
⑧ 64　⑰ 16
⑨ 72　⑱ 8

3 ①8 ②16 ③24
④32 ⑤40 ⑥48
⑦56 ⑧64 ⑨72
⑩16 ⑪8 ⑫56
⑬40 ⑭24 ⑮64
⑯24 ⑰32 ⑱8
⑲72 ⑳48 ㉑40
㉒48 ㉓56 ㉔16
㉕64 ㉖72 ㉗32
㉘56 ㉙64 ㉚72

4 ①8 ②8

🏠 **おうちの方へ** 8のだんもまちがえや
すいので、ゆっくり、しっかりおぼえる
ようにしましょう。

21 8のだんの 九九②

1 ①8 ②16 ③24
④32 ⑤40 ⑥48
⑦56 ⑧64 ⑨72
⑩48 ⑪32 ⑫56
⑬64 ⑭72

2 ①8 ⑩72
②16 ⑪64
③24 ⑫56
④32 ⑬48
⑤40 ⑭40
⑥48 ⑮32
⑦56 ⑯24
⑧64 ⑰16
⑨72 ⑱8

3 ①72 ②64 ③56
④48 ⑤40 ⑥32
⑦24 ⑧16 ⑨8
⑩64 ⑪48 ⑫24

⑬40 ⑭56 ⑮72
⑯32

4 ①64 ②8 ③24
④32 ⑤16 ⑥48
⑦72 ⑧40 ⑨56
⑩16 ⑪64 ⑫72
⑬56 ⑭32 ⑮40
⑯48 ⑰24 ⑱8

🏠 **おうちの方へ** 8のだんの九九は8
ずつふえるから、八四は八三24＋8、
八六は八五40＋8 というようにして、
答えをたしかめましょう。

22 9のだんの 九九①

1 ①9 **2** ①9 ⑩81
②18 ②18 ⑪72
③27 ③27 ⑫63
④36 ④36 ⑬54
⑤45 ⑤45 ⑭45
⑥54 ⑥54 ⑮36
⑦63 ⑦63 ⑯27
⑧72 ⑧72 ⑰18
⑨81 ⑨81 ⑱9

3 ①9 ②18 ③27
④36 ⑤45 ⑥54
⑦63 ⑧72 ⑨81
⑩18 ⑪9 ⑫63
⑬45 ⑭27 ⑮72
⑯27 ⑰36 ⑱9
⑲81 ⑳54 ㉑45
㉒54 ㉓63 ㉔18
㉕72 ㉖81 ㉗36
㉘63 ㉙72 ㉚81

④ ①9　②9

🏠 **おうちの方へ**　九三、九四、九七、九八など、まちがえやすい九九は、くりかえしれんしゅうするようにしましょう。

23　9のだんの　九九②

1
①9	②18	③27
④36	⑤45	⑥54
⑦63	⑧72	⑨81
⑩54	⑪36	⑫63
⑬72	⑭81	

2
①9	⑩81
②18	⑪72
③27	⑫63
④36	⑬54
⑤45	⑭45
⑥54	⑮36
⑦63	⑯27
⑧72	⑰18
⑨81	⑱9

3
①81	②72	③63
④54	⑤45	⑥36
⑦27	⑧18	⑨9
⑩72	⑪54	⑫27
⑬45	⑭63	⑮81
⑯36		

4
①72	②9	③27
④36	⑤18	⑥54
⑦81	⑧45	⑨63
⑩18	⑪72	⑫81
⑬63	⑭36	⑮45
⑯54	⑰27	⑱9

🏠 **おうちの方へ**　九三は九二18＋9、九七は九六54＋9 のように答えをたしかめます。

24　1のだんの　九九

1
①1
②2
③3
④4
⑤5
⑥6
⑦7
⑧8
⑨9

2
①1	⑩9
②2	⑪8
③3	⑫7
④4	⑬6
⑤5	⑭5
⑥6	⑮4
⑦7	⑯3
⑧8	⑰2
⑨9	⑱1

3
①9	②8	③7
④6	⑤5	⑥4
⑦3	⑧2	⑨1
⑩8	⑪7	⑫9

4
①2	②4	③6
④7	⑤1	⑥5
⑦8	⑧3	⑨9
⑩5	⑪2	⑫1
⑬9	⑭7	⑮3
⑯4	⑰9	⑱8
⑲6	⑳8	

🏠 **おうちの方へ**　1のだんの九九では、かける数がそのまま答えになります。だから、まちがえることはすくないはずです。あわてないで計算しましょう。

1
①54	②72	①6	②42
③63	④40	③30	④54
⑤3	⑥42	⑤48	⑥63
⑦81	⑧56	⑦63	⑧8
⑨48	⑩5	⑨42	⑩56
⑪21	⑫14	⑪9	⑫36
⑬6	⑭42	⑬64	⑭4
⑮36	⑯7	⑮24	⑯7
⑰16	⑱72	⑰24	⑱12
⑲35	⑳8	⑲18	⑳45
㉑18	㉒28	㉑49	㉒1
㉓9	㉔2	㉓21	㉔18
㉕32		㉕27	

🏠 **おうちの方へ** まちがえたところは、それぞれのだんの九九を、もういちどおぼえなおしましょう。

1
①72	②48	①49	②1
③42	④5	③72	④6
⑤8	⑥12	⑤54	⑥35
⑦27	⑧64	⑦48	⑧8
⑨6	⑩14	⑨7	⑩3
⑪63	⑫2	⑪56	⑫54
⑬45	⑭32	⑬9	⑭42
⑮21	⑯9	⑮48	⑯16
⑰40	⑱18	⑰28	⑱24
⑲81	⑳56	⑲24	⑳30
㉑24	㉒56	㉑18	㉒4
㉓7	㉔36	㉓36	㉔32
㉕24		㉕63	

🏠 **おうちの方へ** 六四、六七、七四、七六、七七、七八、八七、九四、九七、九八などまちがえやすい九九に気をつけましょう。

1
①36	②72	③7
④63	⑤49	⑥18
⑦54	⑧48	⑨7
⑩64	⑪81	⑫56
⑬18	⑭28	⑮42
⑯32	⑰8	⑱72

2
①14	②48	③5	
④54	⑤30	⑥35	
⑦27	⑧2	⑨63	
⑩16	⑪21	⑫12	
⑬6	⑭40	⑮24	
⑯24	⑰9	⑱8	⑲45

3
①7	②64	③63
④6	⑤35	⑥40
⑦21	⑧14	⑨7
⑩54	⑪18	⑫12
⑬54	⑭5	⑮36
⑯3	⑰16	⑱9
⑲24	⑳63	㉑1
㉒42	㉓28	㉔48
㉕8	㉖27	㉗24
㉘42	㉙56	㉚45
㉛4	㉜56	㉝6
㉞48	㉟9	㊱49
㊲32	㊳8	㊴36
㊵18	㊶72	㊷81
㊸72	㊹2	㊺30

🏠 **おうちの方へ** 答えのたしかめをわすれずにしましょう。

28 九九の れんしゅう①

❶
①5	②12
③16	④42
⑤7	⑥48
⑦8	⑧6
⑨28	⑩40
⑪49	⑫16
⑬45	⑭64
⑮36	⑯15
⑰12	⑱2
⑲36	⑳72
㉑24	㉒30
㉓21	㉔18
㉕14	

❷
①2	②10
③24	④35
⑤42	⑥24
⑦1	⑧20
⑨36	⑩25
⑪4	⑫56
⑬18	⑭72
⑮9	⑯54
⑰48	⑱28
⑲15	⑳8
㉑18	㉒6
㉓12	㉔63
㉕6	

🏠 おうちの方へ　九九のれんしゅうが5回つづきます。100点をめざしましょう。

30 九九の れんしゅう③

❶
①6	②4
③20	④27
⑤63	⑥16
⑦1	⑧6
⑨28	⑩40
⑪35	⑫32
⑬36	⑭30
⑮64	⑯45
⑰12	⑱2
⑲49	⑳21
㉑54	㉒25
㉓6	㉔18
㉕72	

❷
①5	②14
③27	④20
⑤21	⑥24
⑦2	⑧10
⑨32	⑩35
⑪81	⑫72
⑬48	⑭7
⑮45	⑯8
⑰24	⑱9
⑲15	⑳54
㉑18	㉒9
㉓6	㉔36
㉕18	

🏠 おうちの方へ　4のだんと7のだんはまちがえやすいので気をつけましょう。

29 九九の れんしゅう②

❶
①3	②12
③32	④5
⑤21	⑥32
⑦4	⑧16
⑨24	⑩20
⑪49	⑫35
⑬45	⑭8
⑮30	⑯10
⑰18	⑱27
⑲63	⑳40
㉑42	㉒16
㉓56	㉔14
㉕81	

❷
①7	②8
③4	④15
⑤3	⑥18
⑦2	⑧4
⑨27	⑩24
⑪28	⑫56
⑬48	⑭72
⑮45	⑯36
⑰24	⑱20
⑲63	⑳12
㉑54	㉒9
㉓6	㉔42
㉕9	

🏠 おうちの方へ　にがてな九九がみつかったら、れんしゅうしましょう。

31 九九の れんしゅう④

❶
①7	②16
③12	④45
⑤56	⑥40
⑦54	⑧24
⑨4	⑩5
⑪27	⑫4
⑬63	⑭64
⑮30	⑯18
⑰12	⑱10
⑲9	⑳72
㉑42	㉒15
㉓6	㉔8
㉕49	

❷
①8	②18
③54	④40
⑤21	⑥56
⑦2	⑧3
⑨32	⑩25
⑪63	⑫48
⑬36	⑭42
⑮4	⑯15
⑰35	⑱36
⑲24	⑳9
㉑14	㉒10
㉓45	㉔6
㉕28	

🏠 おうちの方へ　1つ1つ正しくていねいに計算しましょう。

九九の れんしゅう⑤

1
①18 ②45
③12 ④5
⑤7 ⑥8
⑦72 ⑧40
⑨16 ⑩20
⑪21 ⑫54
⑬24 ⑭28
⑮81 ⑯18
⑰3 ⑱32
⑲8 ⑳18
㉑24 ㉒16
㉓12 ㉔35
㉕27

2
①54 ②16
③2 ④4
⑤14 ⑥56
⑦15 ⑧25
⑨9 ⑩9
⑪24 ⑫63
⑬49 ⑭30
⑮36 ⑯36
⑰28 ⑱72
⑲20 ⑳6
㉑12 ㉒7
㉓45 ㉔42
㉕48

3
①72 ②10 ③7
④12 ⑤15 ⑥16
⑦21 ⑧72 ⑨1
⑩40 ⑪14 ⑫18
⑬32 ⑭42 ⑮36
⑯64 ⑰63 ⑱6
⑲27 ⑳28 ㉑42
㉒63 ㉓81 ㉔30
㉕54 ㉖48 ㉗20
㉘54 ㉙24 ㉚48
㉛9 ㉜45 ㉝40
㉞56 ㉟24 ㊱12
㊲16 ㊳28 ㊴8
㊵27 ㊶36 ㊷25
㊸12 ㊹18 ㊺24
㊻35

おうちの方へ 100点はとれましたか。九九はとてもたいせつなので、これからも何回もれんしゅうして、すべてわすれないようにしましょう。

33 まとめの テスト

1
①12 ②2 ③28
④45 ⑤48 ⑥18
⑦24 ⑧42 ⑨18
⑩63 ⑪20 ⑫8
⑬28 ⑭56 ⑮24
⑯56 ⑰35 ⑱72

2
①45 ②16 ③21
④30 ⑤35 ⑥32
⑦18 ⑧8 ⑨9
⑩36 ⑪48 ⑫49
⑬24 ⑭5 ⑮8
⑯9 ⑰18 ⑱8

おうちの方へ 九九ぜんぶのまとめのテストです。おちついて考えればできる計算も、あわてたりてきとうにといたりするとまちがえてしまいます。1つ1つ正しくはやく答えられるようにしたいものです。

34 九九の ひょう

1
①㋐12 ㋑15
　㋒48 ㋓18
②㋐4×9、6×6、9×4
　㋑4×7、7×4

2

6	6	12	18	24	30	36	42	48	54
7	7	14	21	28	35	42	49	56	63
9	9	18	27	36	45	54	63	72	81

②7のだん
③6のだん

🏠 おうちの方へ 九九のひょうの見かた
をべんきょうします。九九のひょうがわ
かれば、かけ算についてのりかいがふか
まります。

❷ ②じっさいに、3のだんと4のだん
の答えをたしてみると、7のだんの答
えと同じになります。ほかのだんでも
考えてみましょう。

🧸 35 九九の きまり

❶ ①3
②5
③8
④3
⑤4
⑥6
⑦9
⑧6
⑨8

❷ ①7
②6
③8
④6
⑤8　　⑥3

❸ ①2×9、9×2
　　3×6、6×3
②3×8、8×3
　　4×6、6×4

🏠 おうちの方へ いままでべんきょうし
てきたことを「きまり」ということばで
まとめたものです。きまりをもとにして
もんだいにとりくみましょう。九九のき
まりをしっておくと、いろいろなばめん
でやくに立ちます。

❸ ①、②とも、答えのじゅんはこのと
おりでなくてもよいです。

🧸 36 九九を こえて

❶ ①㋐40　　㋑44　　㋒48
②㋓36　　㋔12
　　㋕36　　㋖12　　㋗48
③㋘40　　㋙8
　　㋚40　　㋛8　　㋜48

❷ ①3　　②27　　③12
④27　　⑤12　　⑥39

❸ ①7×5=35、7×5=35
　　7×10=35+35=70
②5×9=45、5×4=20
　　5×13=45+20=65
③6×9=54、6×2=12
　　6×11=54+12=66
④8×5=40、8×7=56
　　8×12=40+56=96
⑤13×3=3×13だから、
　　3×9=27、3×4=12
　　13×3=27+12=39
⑥11×9=9×11だから、
　　9×6=54、9×5=45
　　11×9=54+45=99

🏠 おうちの方へ かける数が9をこえる
かけ算は、❶のように、いろいろなほう
ほうでもとめることができます。

❸ ほかのほうほうでといても答えが
あっていればよいです。
① 7×10=10×7
　＝10+10+10+10+10+10+10
　＝70
としてもよいです。
④ 8×9=72、8×3=24
　　8×12=72+24=96
としてもよいです。

37 まとめの テスト

1 ①6
②9のだん
③8のだん
④3のだん

2 ①2　②5
③4　④8
⑤4　⑥9

3 ①7　②9
③8　④7
⑤6　⑥6

4 ①4×5=20、　②7×9=63、
　　4×5=20　　　7×3=21
　　4×10　　　　7×12
　　=20+20=40　=63+21=84

5 ①2×6、6×2、
　　3×4、4×3
②4×9、9×4、
　　6×6

📖 おうちの方へ　**4** ほかの計算のしか
たでももとめることができます。答えが
あっていればよいです。

38 しあげの テスト1

1 ①5　　②14　　③9
④16　　⑤35　　⑥48
⑦14　　⑧64　　⑨81
⑩6　　⑪10　　⑫6
⑬28　　⑭24　　⑮36
⑯7　　⑰56　　⑱27
⑲4　　⑳2　　㉑15
㉒8　　㉓40　　㉔24
㉕42　　㉖40　　㉗36

㉘3　　㉙18　　㉚18
㉛20　　㉜10　　㉝18
㉞28　　㉟48　　㊱45
㊲7　　㊳16　　㊴56
㊵24　　㊶25　　㊷42
㊸21　　㊹72　　㊺54
㊻9　　㊼4　　㊽12
㊾63　　㊿72

2 ①6　　②4　　③45
④18　　⑤5　　⑥36
⑦49　　⑧24　　⑨36
⑩1　　⑪12　　⑫21
⑬32　　⑭28　　⑮6
⑯42　　⑰56　　⑱72
⑲9　　⑳7　　㉑18
㉒12　　㉓15　　㉔54
㉕35　　㉖48　　㉗63
㉘8　　㉙8　　㉚3
㉛24　　㉜20　　㉝48
㉞63　　㉟8　　㊱54
㊲2　　㊳6　　㊴30
㊵4　　㊶30　　㊷12
㊸56　　㊹32　　㊺9
㊻16　　㊼14　　㊽27
㊾42　　㊿24

📖 おうちの方へ　おもてとうらで、九九
をすべて出しています。九九のそうしあ
げとしてちょうせんしましょう。
　答えにじしんがないときは、8×3で
あれば、8×3=3×8だから、3×8=24
でたしかめたり、8×3=8×2+8と考
えてたしかめたりするとよいでしょう。
このようにくふうして答えが出せる力も
つけておきたいものです。

1
①2　②16　③21
④54　⑤30　⑥20
⑦6　⑧16　⑨4
⑩54　⑪40　⑫49
⑬48　⑭45　⑮32
⑯27　⑰4　⑱3
⑲36　⑳48　㉑35
㉒42　㉓15　㉔16
㉕18　㉖10　㉗2
㉘27　㉙64　㉚56
㉛6　㉜35　㉝14
㉞12　㉟12　㊱5
㊲9　㊳24　㊴28
㊵36　㊶25　㊷8
㊸24　㊹18　㊺1
㊻45　㊼72　㊽63
㊾24　㊿7

2
①54　②15　③56
④36　⑤5　⑥24
⑦21　⑧6　⑨18
⑩9　⑪48　⑫12
⑬18　⑭20　⑮4
⑯24　⑰14　⑱8
⑲81　⑳8　㉑42
㉒12　㉓40　㉔36
㉕3　㉖12　㉗7
㉘72　㉙72　㉚28
㉛36　㉜10　㉝63
㉞27　㉟2　㊱6
㊲63　㊳64　㊴32
㊵30　㊶45　㊷48
㊸9　㊹8　㊺35

㊻32　㊼56　㊽28
㊾54　㊿42

おうちの方へ これからも、ときどき九九をふくしゅうして、すぐに答えが出せるようにしておきましょう。

40 3年生の かけ算

★**1**
①0　②0
③0　④0

★**2**
①30　②80
③20　④90

おうちの方へ ここでは、3年生でならうかけ算をすこしだけさきどりしてしょうかいしています。0のかけ算も10のかけ算もいままでにならったことをもとにして考えているので、もんだいにもちょうせんしてみましょう。